图解厨房电器维修技术

韩雪涛 韩广兴 吴瑛 编著

金盾出版社

内 容 提 要

本书根据厨房电器维修的技术特色和实际岗位需求作为编写目标,选择典型厨房电器产品,从各厨房电器产品的结构特点入手,通过对不同产品典型样机的分步拆解、电路分析以及实测、实修,全面系统地介绍了不同类型厨房电器产品的结构、原理与检测维修技能。

本书可作为中等职业技术院校的教材,也适合于从事厨房电器产品生产、销售、维修工作的技术人员和电子电气爱好者阅读,还可作为行业的技能培训教程。

图书在版编目(CIP)数据

图解厨房电器维修技术/韩雪涛,韩广兴,吴瑛编著 . — 北京:金盾出版社,2016.1
ISBN 978-7-5186-0428-9

Ⅰ.①图… Ⅱ.①韩…②韩…③吴… Ⅲ.①厨房电器—维修—图解 Ⅳ.①TM925.507-64

中国版本图书馆 CIP 数据核字(2015)第 161936 号

金盾出版社出版、总发行

北京太平路 5 号(地铁万寿路站往南)
邮政编码:100036 电话:68214039 83219215
传真:68276683 网址:www.jdcbs.cn
封面印刷:北京印刷一厂
正文印刷:北京万博诚印刷有限公司
装订:北京万博诚印刷有限公司
各地新华书店经销

开本:787×1092 1/16 印张:11.375 字数:278 千字
2016 年 1 月第 1 版第 1 次印刷
印数:1~4 000 册 定价:36.00 元

前　言

随着科技的进步和制造技术的提升，人们的日常生活逐渐进入电气化时代。特别是厨房电器产品，无论是品种还是产品数量，都得到了迅速的发展和普及。电热水壶、榨汁机、电饭煲、电磁炉、微波炉等厨房电器产品已经在人们生活中占据了重要的位置，为人们的生活提供了极大的便利。

近些年，新技术、新器件、新工艺的采用，加剧了厨房电器产品的更新换代，丰富了厨房电器的销售市场。不同种类、不同品牌、不同功能的厨房电器产品不断涌现，功能也越来越完善。这些变化极大的带动了整个维修行业的发展，社会为厨房电器维修提供了更多的就业机会。生产企业也希望有更多的人从事厨房电器售后维修的工作。

强烈的市场需求极大的带动了维修服务和技术培训市场。然而，面对种类繁多的厨房电器产品和复杂的电路结构，如何能够在短时间内掌握维修技能成为维修人员面临的重大问题。

本书作为教授厨房电器维修技术和技能的专业培训教材，在编写内容和编写形式上有以下特点：首先，从样机的选取上，我们对目前市场上的厨房电器产品进行了全面的筛选，按照产品类型选取典型演示样机，并对典型样机进行实拆、实测、实修。其次，全面系统地介绍了不同类型厨房电器产品的结构特点、工作原理以及专业的检测维修技能。第三，结合实际电路，增添了很多不同机型电路的分析和检修解析，帮助读者完善和提升维修的经验。

本书突出实用性、便捷性和时效性。在对厨房电器维修知识的讲解上，摒弃了冗长繁琐的文字罗列，内容以"实用""够用"为原则。所有的操作技能均通过项目任务的形式、结合图解的演示效果呈现。并结合国家职业资格认证、数码维修工程师考核认证的专业考核规范，对厨房电器维修行业需要的相关技能进行整理，并将其融入实际的应用案例中，力求让读者能够学到有用的东西，能够学以致用。

在结构编排上，图书采用项目式教学理念，以项目为引导，增强实战的锻炼，突出拆卸、实测、维修等操作技能，并结合产品类型和岗位特征进行合理编排，让读者在学习中实践，在实践中锻炼，在案例中丰富实践经验。

为了达到良好的学习效果，图书在表现形式方面更加多样。知识技能根据其技术难度和特色选择恰当的体现方式，同时将"图解"、"图表"、"图注"等多种表现形式融入到了知识技能的讲解中，更加生动、形象。

本书依托数码维修工程师鉴定指导中心组织编写，参加编写的人员均参与过国家职业资格标准及数码维修工程师认证资格的制定和试题库开发等工作，对电工电子的相关行业标准非常熟悉，并且在图书编写方面都有非常丰富的经验。此外，本书的编写还吸纳了行业各领域的专家技师参与，确保本书的正确性和权威性，力求知识讲述、技能传授和资料查询的多重功能。

参加本书编写工作的有:韩雪涛、韩广兴、吴瑛、梁明、宋明芳、张丽梅、王丹、王露君、张湘萍、韩雪冬、吴玮、唐秀鸢、吴鹏飞、高瑞征、吴惠英、王新霞、周洋、周文静等。

为了更好地满足读者的要求,达到最佳的学习效果,每本书都附赠价值50积分的学习卡。读者可凭借此卡登录数码维修工程师官方网站(www.chinadse.org)获得超值技术服务。网站提供有最新的行业信息,大量的视频教学资源,图纸手册等学习资料以及技术论坛。用户凭借学习卡可随时了解最新的电子电气领域的业界动态,实现远程在线视频学习,下载需要的图纸、技术手册等学习资料。此外,读者还可通过网站的技术交流平台进行技术的交流咨询。

学员可通过学习与实践还可参加相关资质的国家职业资格或工程师资格认证,可获得相应等级的国家职业资格或数码维修工程师资格证书。如果读者在学习和考核认证方面有什么问题,也可与我们联系。

网址:http://www.chinadse.org

联系电话:022-83718162/83715667/13114807267

E-Mail:chinadse@163.com

地址:天津市南开区榕苑路4号天发科技园8-1-401

邮编:300384

编　者

目 录

第 4 章　　榨汁机的拆解和检修方法

第 5 章　　电饭煲的结构原理和电路分析

第 6 章　　电饭煲的拆解和检修方法

第 7 章　微波炉的结构原理和电路分析

第 8 章　微波炉的拆解和检修方法

第 9 章　　电磁炉的结构原理和电路分析

第 10 章　　电磁炉的拆解和检修方法

第1章

电热水壶的结构原理和电路分析

1.1 电热水壶的结构组成和工作原理

1.1.1 电热水壶的结构组成

电热水壶是一种具有蒸汽智能感应控制、过热保护、水沸或水干自动断电功能的器具。它可将水快速煮沸，是很多家庭生活中的必备品。图1-1所示为典型电热水壶的实物外形。

电热水壶主要由电源底座、壶身底座、蒸汽式自动断电开关等构成，其中电源底座、蒸汽式自动断电开关等为电热水壶的机械部件。

图1-1 典型电热水壶的实物外形

1. 电源底座

在电热水壶中，电源底座是用于对电热水壶进行供电的主要部件，它由一个圆形的底座和一个可以和水壶底座相吻合的底座插座，以及电源线构成，如图 1-2 所示。

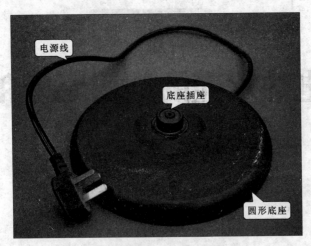

图 1-2　电热水壶中电源底座的外形

2. 壶身底座

在电热水壶的底部即为壶身底座，将电热水壶的壶体与壶身底座分离后，即可看到电热水壶壶身底座的内部结构，如图 1-3 所示。电热水壶中的加热盘、温控器、蒸汽式自动断电开关以及热熔断器等部件均安装在壶身底座中。

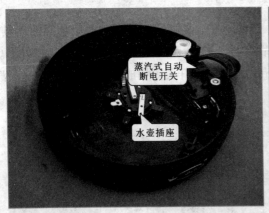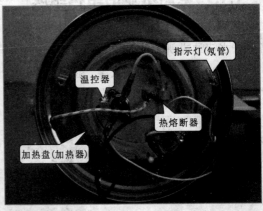

图 1-3　电热水壶中壶身底座的外形

3. 加热盘

加热盘是电热水壶中与壶身一体的重要加热部件，主要是用于对电热水壶内的水进行加热。加热盘引脚用来与控制电路相连接。图 1-4 所示为加热盘的实物外形和结构图。

4. 温控器

温控器是电热水壶中关键的保护器件，用于防止蒸汽式自动断电开关损坏后，电热水壶内的水被烧干，其实物外形如图 1-5 所示。

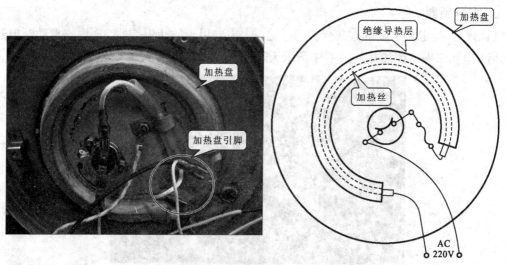

图1-4 加热盘的实物外形和结构图

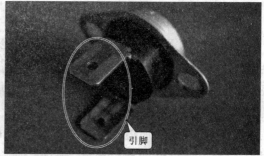

图1-5 温控器的实物外形

5. 蒸汽式自动断电开关

蒸汽式自动断电开关是控制电热水壶自动断电的装置，由蒸汽开关、蒸汽导板、控制按钮等部件组成。当电热水壶内的水沸腾后，水蒸气通过导管使蒸汽式自动断电开关断开电源，停止电热水壶的加热，如图1-6所示。

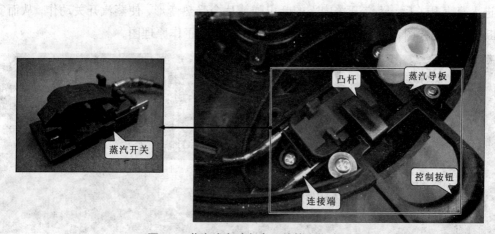

图1-6 蒸汽式自动断电开关的实物外形

6. 热熔断器

热熔断器是电热水壶的过热保护器件之一，主要用于防止温控器、蒸汽式自动断电开关损坏后，电热水壶持续加热。图1-7所示为热熔断器的实物外形。

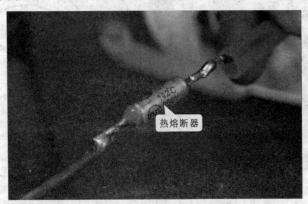

图1-7 热熔断器的实物外形

1.1.2 电热水壶的工作原理

电热水壶的工作主要是由蒸汽式自动断电开关、加热盘和过热保护组件配合完成的。工作时，电热水壶的加热盘将电能转换为热能，完成加热煮水的工作。一旦电热水壶中的水被烧开，壶内热水所产生的蒸汽会使蒸汽式自动断电开关中的金属片形变，从而使电路断开，切断供电，终止加热。

另外，为了确保加热控制过程的安全，在电热水壶中还设有过热保护组件。其功能主要用于对电热水壶的温度进行检测，一旦出现水烧干或蒸汽式自动断电开关异常时，过热保护组件便会切断电源供电，对电热水壶进行过热保护。

1. 蒸汽式自动断电开关的工作原理

蒸汽式自动断电开关是感应水蒸气的器件。水烧开后，水壶中会产生一定的蒸汽，蒸汽通过蒸汽导管输送到水壶底部，然后通过蒸汽孔送到橡胶管，并通过橡胶管进入到蒸汽自动断电开关中。当蒸汽未进入到蒸汽开关时，蒸汽开关处于闭合状态，使水壶处于加热状态。蒸汽进入蒸汽开关后，蒸汽开关内部的断电弹簧片会受热变形，使蒸汽开关动作，从而实现自动断电的作用。图1-8所示为蒸汽式自动断电开关的工作原理图。

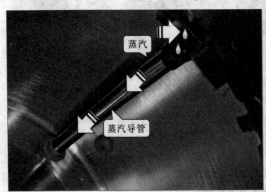

图1-8 蒸汽式自动断电开关的工作原理

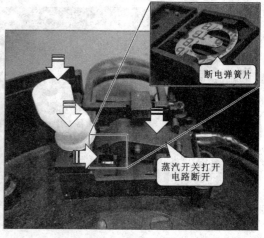

图 1-8 蒸汽式自动断电开关的工作原理（续）

2. 加热盘的工作原理

电热水壶的加热盘是实现煮水加热功能的核心器件，它一般与壶身制成一体，通过连接引脚与控制电路连接，如图 1-4 所示。

加热盘工作的实质是将电能转换成热能，也就是当有电流流过导体时，由于焦耳热缘故，通电导体会发热，发热公式为：热量 = 导体电阻值 × 电流 × 电流 × 时间，由此可见只要把电热器中的电阻做得很大（比电线的电阻值大很多），在通电电流、时间相同的情况下，加热盘所产生的热量就比电线产生的热量大很多，从而实现加热效果。

3. 过热保护组件的工作原理

电热水壶中的过热保护组件主要包括温控器和热熔断器，均能够因过热切断电路而起到过热保护功能。

热熔断器用于过热保护，防止出现干烧情况。当电热水壶的电路中有较大的电流、电热水壶的底部温度过高时，都会引起热熔断器的熔断从而将供电电路断开进行保护。

电热水壶中所采用的温控器一般为蝶形双金属片结构，用于检测壶底温度，常温下两触片接通，当温度超过 100 ℃时，双金属片变形，使两触片断开，停止加热。图 1-9 所示为典型电热水壶中的过热保护组件。

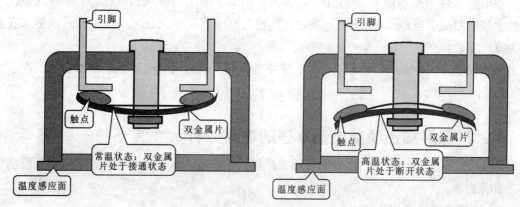

图 1-9 过热保护组件

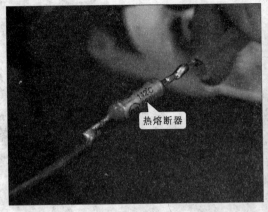

热熔断器

引脚

温度感应面

图 1-9 过热保护组件（续）

1.2 电热水壶的电路分析

1.2.1 简单加热功能电热水壶的电路分析

图 1-10 为简单电热水壶的工作原理。当电热水壶中加上水后，接通交流 220 V 电源，交流电源的 L（火线）端经蒸汽式自动断电开关、温控器 ST 和热熔断器 FU 加到煮水加热器 EH 的一端，经过煮水加热器与交流电源的 N（零线）端形成回路，使加热器两端都有交流电流，从而开始加热。

由图可知，电热水壶中有三重保护：第一重为蒸汽式自动断电开关，当电热壶中的水烧开以后，会产生蒸汽，使蒸汽开关中的金属片加热变形，自动弹起开关，断开电路；第二重为温控器，在电热水壶中起到了防烧干保护作用，若蒸汽式自动断电开关没有工作的话，水壶内的水会不断地减少，当水位过低或出现干烧状态时，温控器内的双金属片会工作，使电路断开；第三重为水壶热熔断器，当前述的开关都失去作用的时候，随着温度的升高（139 ℃左右），热熔断器会被熔断，使电热水壶断电。

在电热水壶中指示灯（氖管）HL 和限流电阻 R 串联，与煮水加热器处于并联状态。当电热水壶电路处于通路，煮水状态，煮水加热器有电压工作时，HL 会发光，指示电热水壶当前为煮水加热状态。

当水温高于 96 ℃，蒸汽式自动断电开关断开后，电热水壶电路处于断路状态，指示灯 HL 熄灭。

1.2.2 保温加热功能电热水壶的电路分析

图 1-11 所示为典型电热水壶的整机电路图。它主要由加热及控制电路、电磁泵驱动电路等部分构成。

1. 加热电路的工作原理

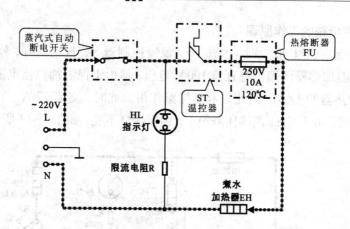

图 1-10 简单加热功能电热水壶的工作原理

交流 220 V 电源为电热水壶供电，交流电源的 L（火线）端经热熔断器 FU 加到煮水加热器 EH1 和保温加热器 EH2 的一端，交流电源的 N（零线）端经温控器 ST 加到煮水加热器的另一端，同时交流电源的 N（零线）端经二极管 VD0 和选择开关 SA 加到保温加热器 EH2 的另一端。使煮水加热器和保温加热器两端都有交流电压，从而开始加热，如图 1-12 所示。在煮水加热器两端加有 220 V 电压，交流 220 V 经 VD0 半波整流后变成 100 V 的脉动直流电压加到保温加热器上，保温加热器只有 35 W。

电热水壶刚开始煮水时，温控器 ST 处于低温状态。此时，温控器 ST 两引线端之间是导通的，为电源供电提供通路，此时，绿指示灯亮，红指示灯两端无电压，不亮。

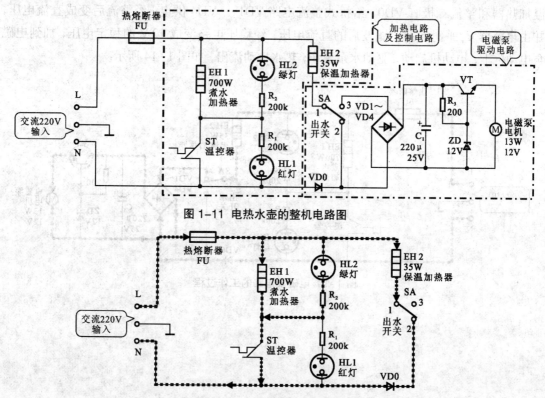

图 1-11 电热水壶的整机电路图

图 1-12 加热电路的工作过程

2. 加热控制电路的工作原理

当水壶中的温度超过96℃时（水开了），温度控制器ST自动断开，停止为煮水加热器供电。此时，保温加热器两端仍有直流100V电压，但由于保温加热器电阻值较大所产生的能量只有煮水加热器的1/20，因此只起到保温作用。此时，交流220V经EH1为红指示灯供电，红指示灯亮，由于EH1两端压降很小，因而绿灯不亮，如图1-13所示。

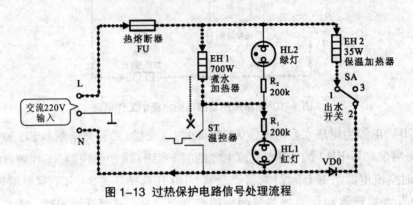

图1-13 过热保护电路信号处理流程

如果电热水壶中水的温度降低了，温度控制器ST又会自动接通，煮水加热器继续加热，始终使水瓶中的开水保持在90℃以上。

3. 电磁泵驱动电路的工作原理

电磁泵驱动电路也称出水控制电路，饮水时，操作出水选择开关SA，使交流电源经过保温加热器和整流二极管VD0，给桥式整流电路VD1～VD4供电，经整流后变成直流电压，并由电容器C_1平滑滤波。滤波后的直流电压，经稳压电路变成12V的稳定电压，加到电磁泵电动机上，电动机启动，驱动水泵工作，热水自动流出，如图1-14所示。

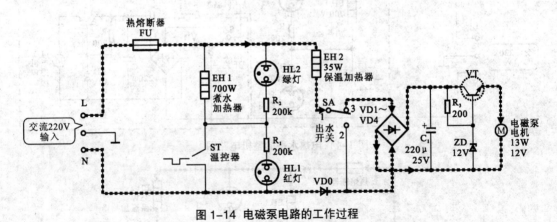

图1-14 电磁泵电路的工作过程

第 2 章

电热水壶的拆解和检修方法

2.1 电热水壶的拆解方法

2.1.1 电热水壶底座的拆解方法

电热水壶由一个圆形的底座和一个可以和水壶底座相吻合的底座插座，以及电源线构成。电源底座的背面有 6 个固定螺钉，如图 2-1 所示。

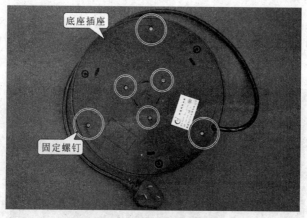

图 2-1 电源底座的固定螺钉

将电源底座的固定螺钉逐一卸下，具体操作如图 2-2 所示。拆卸时需要使用合适的旋具，拆卸下的固定螺钉要妥善放置。

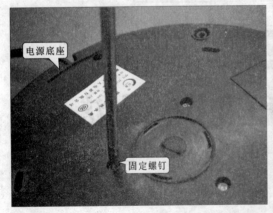

图 2-2 取下电源底座的固定螺钉

固定螺钉取下来以后，就可以将底座分离开，拿走底座下板以后，就可以看到与电源线连接的底座插座，如图 2-3 所示。

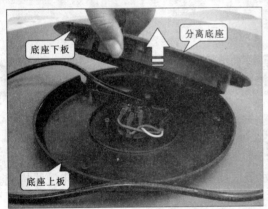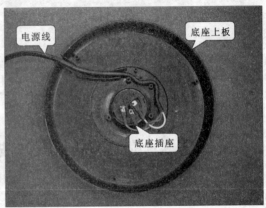

图 2-3 分离底座

将底座插座和电源线从底座中取出来，如图 2-4 所示。这部分如有断路故障会引起电热水壶不工作。

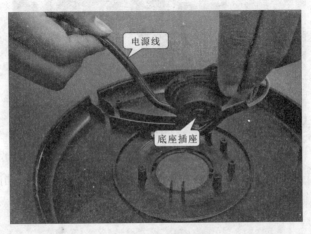

图 2-4 取出底座插座

供电电源线就是与底座插座进行连接供电的，如图 2-5 所示。在图中可以看到 3 芯电源线与底座插座的连接端。

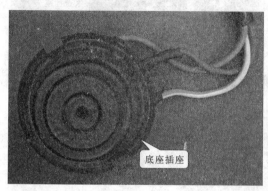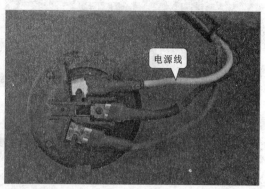

图 2-5 底座插座的电源线连接端

将连接底座插座的电源线一一取下来，如图 2-6 所示。

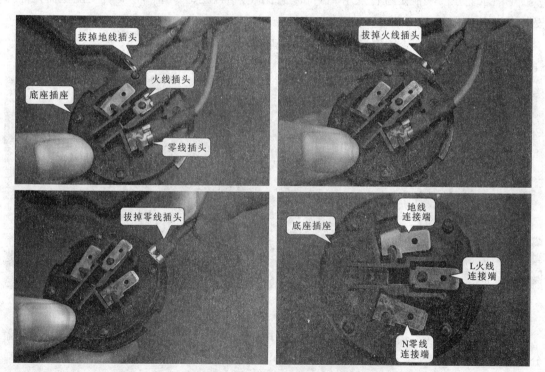

图 2-6 取下底座插座的连接线

用旋具将底座插座的弹簧片向下压，就可以看到接地端、L（火线）端和 N（零线）端的接触片了，这些接触片和水壶插座的接地端、L（火线）端和 N（零线）端相接触，即可以实现电源供电，如图 2-7 所示。

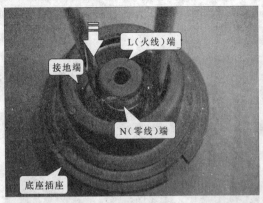
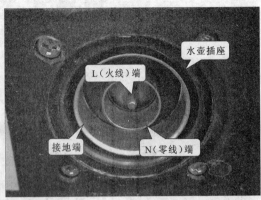

图 2-7 底座插座和水壶插座

2.1.2 电热水壶壶身的拆解方法

电热水壶主要功能是进行煮水，因此要有比较大的盛水空间，所以各种功能电器元件都安装在了壶身的底部，如图 2-8 所示。

在水壶的底部有 3 个固定螺钉固定着水壶底盖，如图 2-9 所示。

图 2-8 热水壶壶身　　　　　　　图 2-9 水壶底盖固定螺钉

拆解水壶底盖时，需要使用合适的旋具，取下固定螺钉以后，就可以将水壶壶身与底盖分离开，如图 2-10 所示。

图 2-10 分离水壶壶身

图 2-10　分离水壶壶身（续）

从打开的水壶底盖中可以看到电热水壶的所有电器元件，如图 2-11 所示。这部分由很多导线和焊片相互连接，要注意拆装时应避免导线间出现短路或断路故障。

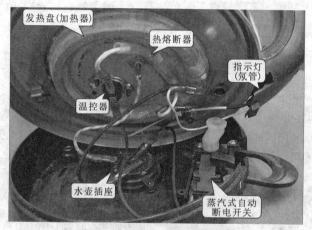

图 2-11　电热水壶的电器元件

电热水壶的壶身通过连接线与底座上的水壶插座和蒸汽式自动断电开关相连，将这些连接线取下来，就可以将水壶和底盖分离开，如图 2-12 所示。

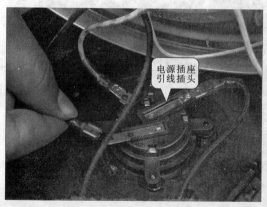
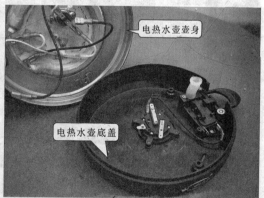

图 2-12　分离水壶和底座

蒸汽式自动断电开关主要由控制按钮、蒸汽开关、蒸汽导板和橡胶管组成，首先可以将橡胶管取下来，如图 2-13 所示。

图 2-13 取下橡胶管

在蒸汽式自动断电开关（简称蒸汽开关）上有 3 个固定螺钉，分别用于固定控制按键、蒸汽导板和蒸汽开关，需要使用合适的旋具将其取下，如图 2-14 所示。

图 2-14 取下蒸汽式自动断电开关的固定螺钉

固定螺钉取下来以后就可以将蒸汽导板取下来，如图 2-15 所示。

图 2-15 取下蒸汽导板

控制按钮是用来控制蒸汽开关的，取下控制按钮时可以看到，控制按钮与蒸汽开关的连接方式，是通过控制按钮的凸杆进行连接的，如图 2-16 所示。

图 2-16 取下控制按钮

最后，就可以将蒸汽开关取下来了，如图 2-17 所示。

图 2-17 取下蒸汽开关

在蒸汽开关的底部，可以看到能够受热变形的断电弹簧片。将蒸汽开关拆开，可以看到控制开关反复运行的弓形弹簧片和开关的接触端，如图2-18所示。

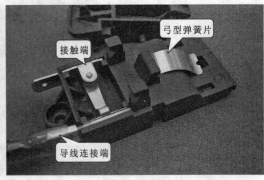

图2-18 蒸汽开关的内部结构

在电热水壶的提手处有一个指示灯，将指示灯电线向外拉，就可以把指示灯（氖管）取出来，如图2-19所示。

图2-19 取出指示灯（氖管）

其他器件全部固定在水壶底部，其中加热器（发热盘）与水壶制成了一体。并且还可以在水壶内部看到给蒸汽式自动断电开关传递蒸汽的蒸汽导管和与水尺相连的水位孔，如图2-20所示。

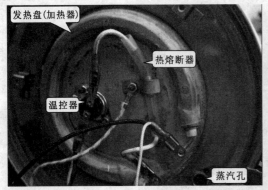

图2-20 电热壶其他器件

至此，电热水壶的拆卸就完成了。

2.2 电热水壶的检修方法

2.2.1 电热水壶机械部件的检修方法

由于电热水壶使用的频率较高，出现不加热或加热异常时，大多是由主要机械部件损坏所引起的故障，并且由于其相对来说结构并不复杂，因此对于电热水壶的维修也相对的简单，接下来，主要介绍电热水壶中主要机械部件的检修方法，如电源底座、导管以及蒸汽式自动断电开关。

1. 电源底座的检修方法

电源底座是为整个电热水壶进行供电的，如果发生损坏会导致电热水壶无法工作。在对电源底座进行检修时，可以采用按压的方法检测电源底座的工作状态是否正常。

使用镊子按压电源底座，如果底座插座损坏，按压后底座插座无法弹起，或者按压时底座插座无法完全按下，说明其内部弹簧出现故障；另外，在按压后还应注意检查其内部是否出现严重锈迹，而导致无法供电，若有锈迹产生则应使用砂纸对其进行打磨以排除故障。电源底座的检修方法如图 2-21 所示。

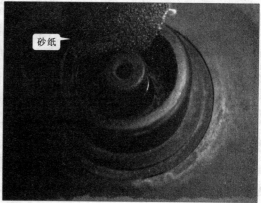

图 2-21 电源底座的检修方法

2. 导管的检修方法

导管是排出蒸汽的通道，排出的蒸汽送到蒸汽式自动断电开关，进而触发蒸汽式自动断电开关动作，实现水烧开后自动断电的功能。

若蒸汽导管上方的孔堵塞，水蒸气将无法送至蒸汽式自动断电处，导致电热水壶无法自动断电；若蒸汽导管的底部泄漏，会导致电热水壶漏电。

在对其进行检测时，可将向蒸汽导管上的孔滴入几滴水，当水蒸气顺蒸汽导管到达管底，水滴触动蒸汽式自动断电开关时蒸汽式自动断电开关自动抬起，说明蒸汽导管畅通。

将水灌入电热水壶中，检查蒸汽导管底部是否有漏水现象。将电热水壶举起，使用棉签擦拭蒸汽口的边缘，若棉签变湿，则说明该蒸汽导管有泄漏。导管的检修方法如图 2-22 所示。

图 2-22 导管的检修方法

3. 蒸汽式自动断电开关的检修方法

蒸汽式自动断电开关是控制电热水壶自动断电的装置,若电热水壶出现壶内水长时间沸腾而无法断电或无法进行加热时,则需要对蒸汽式自动断电开关进行检修。

在对其进行检修时,可先通过直接观察法检查开关与电路的连接、橡胶管的连接、蒸汽开关、压断电弹簧片、弓形弹簧片以及接触端等部件的状态和关系,即先排除机械故障。若从表面无法找到故障,可再借助万用表检测蒸汽式自动断电开关能够实现正常的"通、断"控制状态。

将万用表挡位旋钮置于"×1"欧姆挡,将万用表的红黑表笔分别搭在蒸汽式断电开关的两个接线端子上,开关被压下,处于闭合状态时,万用表测触点间阻值应为零,具体操作方法如图 2-23 所示。

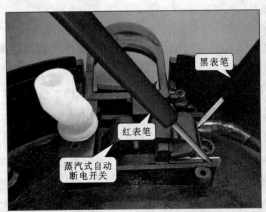

图 2-23 蒸汽式自动断电开关的检测方法

【要点提示】

当蒸汽式自动断电开关检测到蒸汽温度时，内部金属片变形动作，触点断开，此时万用表测其触点间阻值应为无穷大。

2.2.2 电热水壶电路部件的检修方法

电热水壶电路部分用于对电热水壶的烧水工作进行控制。若电热水壶出现工作失常、不加热等故障现象时，在排除机械部件的故障后，则需要对电热水壶电路部分的各功能元器件进行检修，如加热盘、温控器、热熔断器等。

1. 加热盘的检修方法

加热盘是为电热水壶中的水进行加热的重要器件，该元器件不轻易损坏。若电热水壶出现无法正常加热的故障时，在排除各机械部件的故障后，则需要对加热盘进行检修。

对加热盘进行检修时，可以使用万用表检测加热盘阻值的方法判断其好坏。

加热盘的检修方法如图 2-24 所示。首先检查加热盘两端的连接线，若发现有一端连接端断开时，应从新连接。再将万用表量程调至"×10"欧姆挡，将万用表的红黑表笔分别搭在加热盘的两连接端上，正常情况下，万用表显示的数值为"40 Ω"左右。

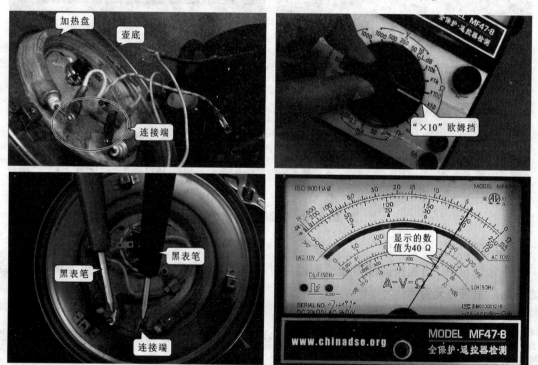

图 2-24 加热盘的检修方法

2. 温控器的检修方法

温控器是电热水壶中关键的保护器件，一般为蝶形双金属片结构，用于检测壶底温度。若电热水壶出现加热完成后不能自动跳闸，以及无法加热的故障时，若机械部件均正常，则需要对温控器进行检修。

检修温控器时可使用万用表电阻挡检测其在不同温度条件下两引脚间的通断情况，来判断好坏。首先将万用表挡位旋钮置于"×1"欧姆挡，然后将万用表的红黑表笔分别搭在温控器的两个接线端子上，常温状态下，温控器触点处于闭合状态，万用表测触点间阻值应为零。温控器的检修方法如图2-25所示。

图2-25 温控器的检修方法

【要点提示】

正常情况下，当温控器感温面感测温度过高时，其触点断开，此时用万用表测其两触点之间的阻值应为无穷大。

3. 热熔断器的检修方法

热熔断器是整机的过热保护器件，若电热水壶出现无法工作的故障时，排除以上各元器件的故障后，则应对热熔断器进行检修。

判断热熔断器的好坏可使用指针式万用表电阻挡检测其阻值。首先将万用表挡位旋钮置于"×10"欧姆挡，然后将万用表的红黑表笔分别搭在热熔断器两端，正常情况下，用万用表测热熔断器的阻值应为零。热熔断器的检修方法如图2-26所示。

图 2-26 热熔断器的检修方法

第 3 章

榨汁机的结构原理和电路分析

3.1 榨汁机的结构组成和工作原理

3.1.1 榨汁机的结构组成

榨汁机是小家电产品中应用较多的一种,可以将水果或蔬菜等切碎压榨成新鲜可口的果汁。图 3-1 所示为典型榨汁机的实物外形。榨汁机主要是由切削电动机组件、开关组件以及外部相关部件构成的。

图 3-1 典型榨汁机的实物外形

固定片位于榨汁机的两侧,主要用于固定上盖,同时还用于接通电源开关。切削电动机组件安装在榨汁机的内部,是榨汁机的主要部分。开关组件通常位于榨汁机的底部,用于控制榨汁机的工作状态。

1. 切削电动机组件

榨汁机中的切削电动机组件主要用于水果、蔬菜的粉碎操作。它主要包括切削搅拌杯、机座、切削电动机等，如图3-2所示。切削电动机位于榨汁机的底部，是榨汁机的动力源。

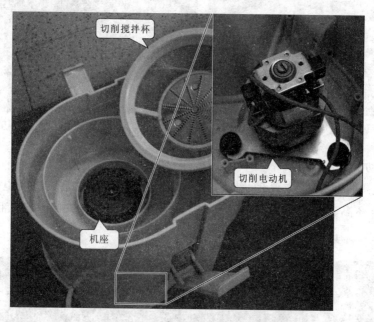

图3-2　榨汁机中的切削电动机组件

（1）切削搅拌杯

切削搅拌杯的底部分布有扇形排列的刀口，用于切削和搅拌水果、蔬菜等。经切碎、切削搅拌后的果汁从栅网中流出，如图3-3所示。

图3-3　榨汁机中切削搅拌杯的实物外形

【要点提示】

安装切削搅拌杯时，需将切削搅拌杯底部凹槽旁的棱角，对准机座的凹槽中才可以正常使用，如图3-4所示。

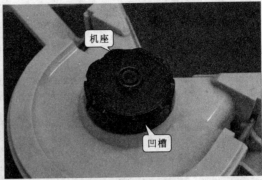

图 3-4 切削搅拌杯与机座的装配关系

（2）切削电动机

切削电动机是榨汁机的主要动力源。榨汁机接通电源启动后，切削电动机高速运转带动切削搅拌杯高速旋转，将果品粉碎成汁。它一般安装在榨汁机底部，如图 3-5 所示。

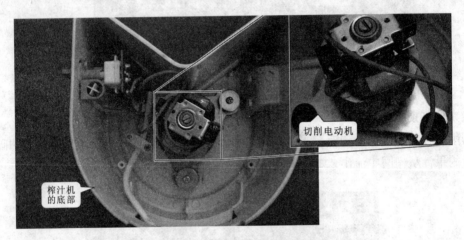

图 3-5 切削电动机的实物外形

2. 开关组件

榨汁机的开关组件位于榨汁机的底部，主要由电源开关、启动开关和按压装置构成，其中电源开关位于固定片的内侧，当榨汁机的固定片固定好后，即电源开关处于接通状态。旋转启动开关时，启动开关的联动结构拨动按压装置向下运动，进而控制电源开关的闭合、断开，图 3-6 所示为开关组件的实物外形。

3.1.2 榨汁机的工作原理

图 3-7 所示为典型榨汁机的各部件关系图。从该图中可以看出，榨汁机各组件之间的相互关系。

当启动开关处于 0 挡时，电源开关不接通，榨汁机中的组件均无动作。在盛物筒中放入水果，并用固定槽进行固定。旋转启动开关至1挡，按压组件由启动开关控制向下动作，按压电源开关接通。电源开关接通后，交流220V通过电源开关进入到榨汁机中，为切削电动机提供工作电压。切削电动机高速旋转，进而带动搅拌杯高速旋转。搅拌杯底部的刀口匀速切削盛物筒中的果品，果汁经由栅网流出，由杯槽中的出水口流出果汁、蔬菜汁。

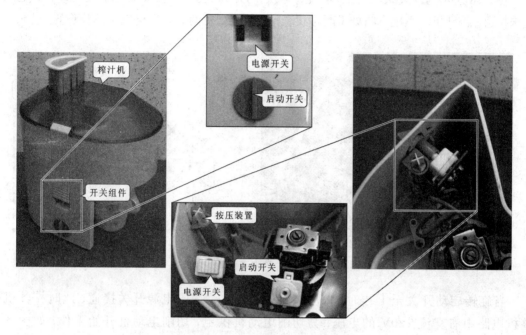

图 3-6 榨汁机中开关组件的实物外形

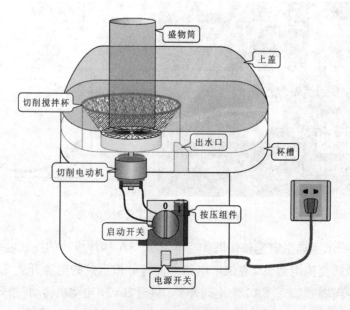

图 3-7 榨汁机的部件关系图

3.2 榨汁机的电路分析

3.2.1 定速榨汁机的电路分析

图 3-8 所示为开关组件的工作状态。当启动开关处于 0 挡时，按压装置无动作，电源开关未接通，榨汁机的供电电路处于断路状态，切削电动机两端无供电电压，不工作。

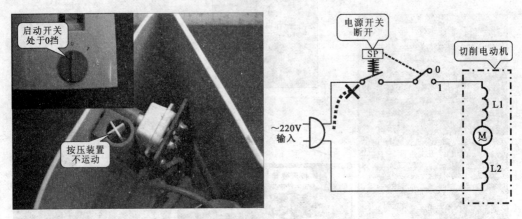

图 3-8 开关组件的未工作时的状态

当旋转启动开关至 1 挡时，按压装置向下运动，按压电源开关接通，此时榨汁机的整机电路中有交流 220V 的电压，为切削电动机供电，切削电动机开始工作，如图 3-9 所示。切削电动机启动后，带动切削搅拌杯高速旋转，底部的刀口对水果进行切削、搅拌。

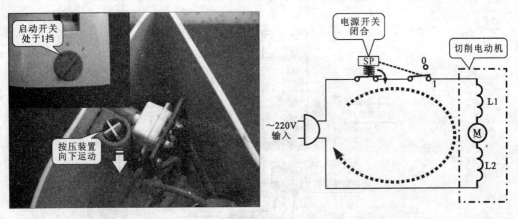

图 3-9 开关组件工作时的状态

图 3-10 所示为典型定速榨汁机（裕丰 JQE-3A 榨汁机）的控制电路。该榨汁机的动力驱动采用串激式交流电动机，在供电电路中设有带指示灯的电源开关 SA1，按下此开关，指示灯点亮，处于待机状态。SA2 为电动开关，接通 SA2，电动机转动；松开 SA2，则断电停机。ST 为过热保护开关，当电路过载时，ST 断开对控制电路进行保护。

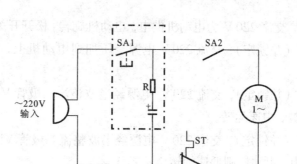

图 3-10 典型定速榨汁机（裕丰 JQE-3A 榨汁机）的控制电路

3.2.2 变速榨汁机的电路分析

图 3-11 为典型变速榨汁机的控制原理图。在变速榨汁机电路中，驱动电动机采用串激式交流电动机。在供电电路中设有调速和点动开关。按下点动开关 S2，交流 220 V 为电动机供电，电动机高速转动。松开点动开关 S2 则断开供电，电动机停转。

如果开关 S1 置于高速状态，交流电源直接为电动机供电，榨汁机处于高速工作状态。如果开关 S1 置于低速状态，交流 220 V 经整流二极管 VD1 后形成半波电压为电动机供电。电动机则以较低速度旋转。

图 3-12 为多功能变速榨汁机的控制电路，该榨汁机的动力源是串激式交流电动机，在其供电电路中设有调速开关 SA2。电源开关 SA1 接通后，电路处于待机状态。此时可选择四种工作方式。

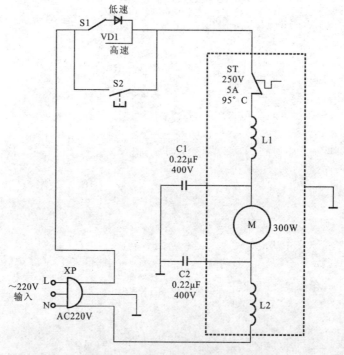

图 3-11 典型变速榨汁机的控制原理图

27

①按下点动开关，交流 220 V 为电动机供电，电动机旋转；松开开关，电源断电停转。

②按下高速开关（并锁定），交流 220 V 电源全压加到电动机上，电动机高速旋转进行工作。

③按下中速开关（并锁定），交流 220 V 电源经半波整流二极管 VD1 为电动机供电，电动机所得的电压为半波，中速运转。

④按下低速开关（并锁定），交流 220 V 电源经半波整流二极管 VD1，再经限流（降压）电阻 R，为电动机供电，电动机则低速旋转。

另外，电动机内设有过热保护开关 ST，当电动机绕组温度过高时，会断路进行保护。该开关待降温后又可自动恢复接通状态。

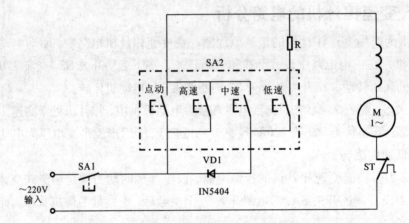

图 3-12 多功能变速榨汁机的控制电路（新达 SC-1 型）

第 4 章

榨汁机的拆解和检修方法

4.1 榨汁机的拆解方法和检修分析

4.1.1 榨汁机的拆解方法

榨汁机不能正常工作、出现故障，就要对其进行拆卸，检查内部部件状态，下面以典型榨汁机为例，介绍榨汁机的拆卸方法和步骤。

按图 4-1 所示，抬起榨汁机上盖两侧的固定片。

图 4-1 抬起榨汁机上盖两侧的固定片

然后，将榨汁机的上盖取下，并卸下榨汁机的切削搅拌杯，具体操作如图 4-2 所示。

图 4-2 卸下切削搅拌杯

切削搅拌杯的底部分布有锋利的刀口，拆卸时不要碰触刀口，以免划伤。图 4-3 所示为切削搅拌杯底部的刀口。

图 4-3 切削搅拌杯底部的刀口

接下来，取下榨汁机底部的防滑橡胶，拧下榨汁机底座固定螺钉，具体操作如图 4-4 所示。

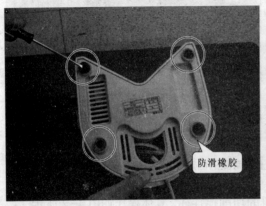

图 4-4 拆卸底座固定螺钉

接着，取下榨汁机底座，即可看到榨汁机的内部结构，如图4-5所示。

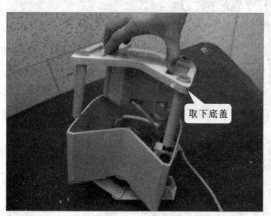

图 4-5 取下底盖

4.1.2 榨汁机的检修分析

　　榨汁机的结构较简单、组成部件少，并且没有复杂的电路关系，榨汁机维修也相对简单方便。若榨汁机出现故障，一般使用万用表对其内部主要的功能部件进行检测即可判断好坏，从而找出故障原因，排除故障。

　　检修榨汁机时，首先使用万用表检测开关组件中的电源开关和启动开关是否正常，如图4-6所示。一般检测电源开关时可使用万用表检测电源开关通断两个状态下的阻值，判断其好坏；检测启动开关时可使用万用表检测其不同挡位的阻值，判断其好坏；然后检测切削电动机组件，检测时可使用万用表检测切削电动机绕组的阻值，判断其好坏。

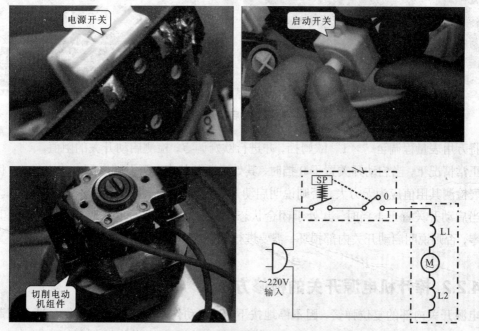

图 4-6 榨汁机的检修分析

4.2 榨汁机的检修方法

4.2.1 榨汁机启动开关的检修方法

榨汁机的启动开关是控制榨汁机转速及工作状态的关键部件,对开关的检测除观察其安装连接状态是否良好外,还应使用万用表对不同状态下引脚间的阻值进行检测,进而判别启动开关性能是否良好。榨汁机启动开关的检修方法如图4-7所示。

图4-7 榨汁机启动开关的检修方法

将万用表量程调至"×1"欧姆挡,并进行欧姆调零,检测启动开关的阻值。

正常情况下,当启动开关置于0挡时,其处于断开状态,两引脚之间未建立连接,因此用万用表检测其阻值应为无穷大,否则说明启动开关内部触点搭接短路。

当启动开关置于1挡时,其处于闭合状态,两引脚之间接通,因此用万用表检测其阻值应为零,否则说明启动开关内部损坏,需要进行更换。

4.2.2 榨汁机电源开关的检修方法

电源开关内部的复位弹簧,因不停地按下、弹起动作,很容易造成损伤,进而引起电源开关的控制失灵。当榨汁机控制失常时,应重点检查电源开关的内部连接情况。

检测时，可首先将电源开关取下，确认榨汁机启动开关设置在1挡。然后，按下电源开关的按钮，检测此时电源开关的阻值。榨汁机电源开关的检修方法如图4-8所示。

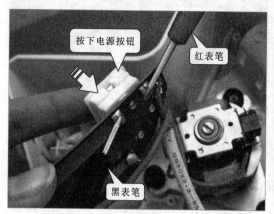

图4-8 榨汁机电源开关的检修方法

正常情况下，按下电源开关的按钮，测得的阻值应为0 Ω，若在按下电源开关按钮测得的阻值为无穷大，则说明电源开关本身损坏，应对其进行更换。

【要点提示】

若检测电源开关的阻值为无穷大，通常是由电源开关的触片接触不正常所致，须重新安装，如图4-9所示。

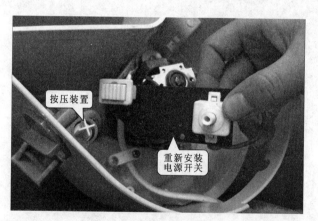

图4-9 重新安装开关组件

4.2.3 榨汁机电动机的检修方法

当切削电动机内部出现断路、短路的情况时，会造成榨汁机不工作的故障。此时，应检测切削电动机的绕组阻值。

拨动电动机转子，将红黑表笔分别搭在切削电动机的电刷上。检测切削电动机电刷之间的阻值，检修方法如图4-10所示。

图 4-10 切削电动机的检修方法

正常情况下，拨动电动机转子，万用表的指针会有相应的摆动情况。若万用表指针无反应，说明切削电动机已经损坏。

【信息扩展】

切削电动机的绕组连接电源供电端，因此还可以通过检测电路中两根供电引线之间的阻值（即绕组之间的阻值）来判断切削电动机绕组是否正常。一般榨汁机中切削电动机绕组的阻值约有几十至几百欧姆。

第5章

电饭煲的结构原理和电路分析

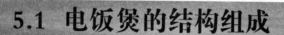

5.1 电饭煲的结构组成

5.1.1 机械控制式电饭煲的结构组成

图 5-1 所示为典型机械控制式电饭煲的实物外形。机械控制式电饭煲主要由锅盖、锅体和显示面板等组成。

图 5-1 典型机械控制式电饭煲的实物外形

机械控制式电饭煲的结构根据其品牌型号不同，可以分为锅盖与主体相连和锅盖与主体分离的两种不同外形的电饭煲，如图 5-2 所示。

图5-2 不同形式的机械控制式电饭煲的外形结构

虽然机械控制式电饭煲的外形不同,但其整机结构大体相同。图5-3所示为典型电饭煲的内部结构。可以看到,除了操作控制面板和排气橡胶阀外,电饭煲的内部主要是由内锅、加热盘、磁钢限温器以及供电微动开关、加热杠杆开关等构成的,它们之间通过线缆以及固定器件互相连接。

图5-3 典型机械控制式电饭煲的内部结构

从图中可知,机械控制式电饭煲的各部分组件大多集中在电饭煲的底部,在对电饭煲进行加热的过程中,通过底部的各个部件完成炊饭功能。

下面简单认识一下机械控制式电饭煲中的主要组成部件。

1. 锅盖部分

图 5-4 所示为机械控制式电饭煲的锅盖（锅盖与主体相连式），锅盖通过螺钉固定在电饭煲的锅体上。

拆开锅盖即可看到其内部结构，如图 5-5 所示，主要是由锅盖外壳、煲盖面盖、锅内盖、保温板、手提面盖、提手弹簧、密封胶圈、蒸汽孔密封胶圈、蒸汽孔密封胶圈垫等部分组成的。

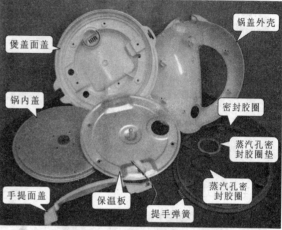

图 5-4 机械式电饭煲锅盖的固定方式 　　　　图 5-5 机械控制式电饭煲锅盖部分

2. 底座部分

图 5-6 所示为机械控制式电饭煲底座部分，主要由底座、电源插座、锅体等部件构成。

3. 炊饭装置部分

取下底座之后就可以看到电饭煲底部的炊饭装置了，主要有磁钢限温器、双金属片恒温器、加热盘、加热杠杆开关、供电微动开关、热熔断器和外锅等，如图 5-7 所示。

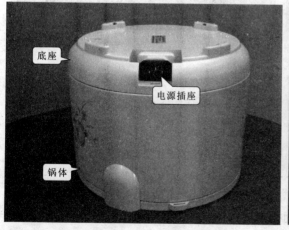

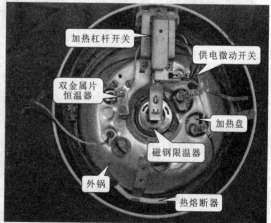

图 5-6 机械控制式电饭煲底座部分 　　　　图 5-7 机械控制式电饭煲炊饭装置部分

(1) 加热盘

加热盘安装于内锅的底部，是电饭煲中用来为电饭煲提供热源的部件，如图 5-8 所示。加热盘的供电端位于锅体的底部，通过连接片与供电导线相连。加热盘是由管状电热元件铸在铝合金圆盘中制成的。

图 5-8 电饭煲中的加热盘

【信息扩展】

不同型号电饭煲内部加热盘的外形也有所不同，如图 5-9 所示。加热盘的两端为供电端，与供电导线进行连接。

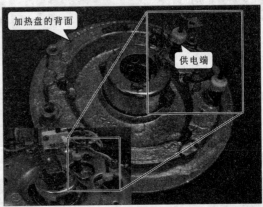

图 5-9 不同外形的加热盘

（2）磁钢限温器

磁钢限温器安装在电饭煲的底部，以便于控制电饭煲的炊饭工作。磁钢限温器的内部主要是由感温磁钢、复位弹簧和永磁体构成。如图 5-10 所示，当锅内的食物煮熟后，磁钢限温器切断加热盘的供电电源，电饭煲停止加热。

【信息扩展】

有一些电饭煲中的限温器采用热敏电阻式感温器，如图 5-11 所示，该类电饭煲是通过热敏电阻检测电饭煲的温度，再由控制电路对加热盘进行控制。

（3）双金属片恒温器

双金属片恒温器在电饭煲中与磁钢限温器并联安装。双金属片恒温器位于电饭煲的底部，主要是由双金属片、保温触点以及保温调节螺钉构成。图 5-12 所示为电饭煲中的自动保温装置。

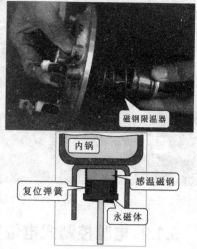

图 5-10 电饭煲中的磁钢限温器

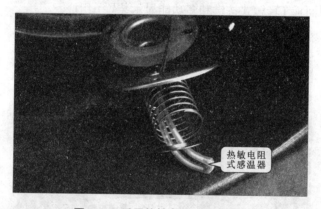

图 5-11 采用热敏电阻式的感温器

图 5-12 电饭煲中的双金属片恒温器

4. 外锅及操作控制面板部分

图 5-13 所示为机械控制式电饭煲外锅及操作控制面板部分，主要是由外锅、操作控制按键、连接线、外壳、围框等部件构成的。

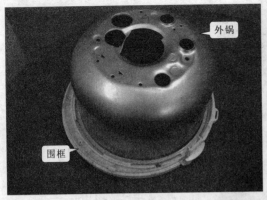
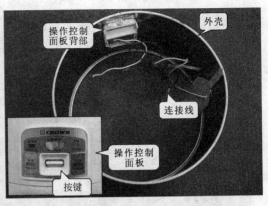

图 5-13 机械控制式电饭煲外锅及操作电路板部分

5.1.2 电脑控制式电饭煲的结构组成

图 5-14 所示为典型电脑控制式电饭煲的实物外形。电脑控制式电饭煲主要由锅盖、锅体、操作显示控制面板（轻触式按键和多功能显示装置）组成。

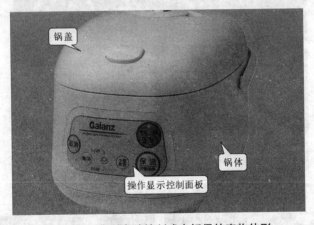

图 5-14 典型电脑控制式电饭煲的实物外形

与机械控制式电饭煲外形结构相同，电脑控制式电饭煲同样可以分为锅盖与锅体相连和锅盖与锅体分离的两种不同外形的电饭煲，如图 5-15 所示。

图 5-15 不同形式的电脑控制式电饭煲

图 5-16 所示为电脑控制式电饭煲的内部结构图，由图可看出，电脑控制式电饭煲主要由控制电路、温度检测传感器、加热盘、保温加热器和开盖按钮等组成。

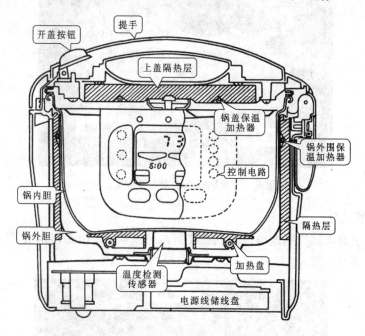

图 5-16 典型电脑控制式电饭煲的内部结构

与机械控制式电饭煲的结构相似，电脑控制式电饭煲同样将加热盘、磁钢限温器等主要炊饭装置安装在电饭煲的底部，以便于控制电饭煲的炊饭工作。

1. 保温加热器部分

电脑控制式电饭煲中一般设有锅侧面保温加热器和锅盖保温加热器，主要实现保温作用，如图 5-17 所示。

绕在锅周围的保温加热器为线状电阻丝，用绝缘套管绝缘，有的也用圆形导线状电阻丝。锅盖保温加热器用锡箔纸密封，锡箔纸除了具有防水的功能外，还具有导热的功能。

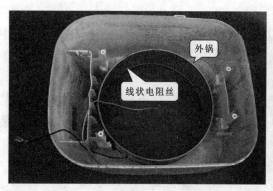

图 5-17 电脑控制式电饭煲锅盖部分

2. 底座部分

图 5-18 所示为电脑控制式电饭煲底座部分，主要是由电源线圈线盘、底座等部件构成的。

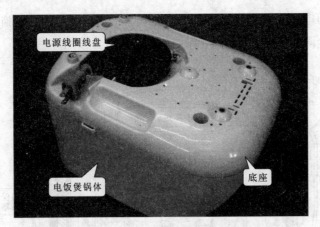

图 5-18 电脑控制式电饭煲底座部分

3. 炊饭装置部分

图 5-19 所示为电脑控制式电饭煲炊饭装置部分，主要是由固定钢板、加热盘、限温器、保护圈、外锅等部件构成的。

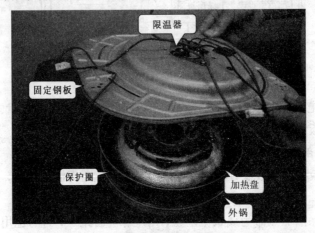

图 5-19 电脑控制式电饭煲炊饭装置部分

（1）加热盘

图 5-20 所示为典型电脑控制式电饭煲的加热盘，其原理及功能与机械控制式电饭煲中的加热盘相同。加热盘同样位于电饭煲的底部，加热盘的供电端也同样位于加热盘的底部。

（2）限温器

限温器是电饭煲煮饭自动断电装置，用来感应内锅的热量，从而判断锅内食物是否加热成熟。限温器安装在电饭煲底部的加热盘中心位置，与内锅直接接触。限温器实际是由热敏电阻和限温开关感应电饭煲炊饭加热温度的。

图 5-21 为典型电脑控制式电饭煲中的限温器，其结构及工作原理与机械控制式电饭煲的磁钢限温器有所区别。

4. 操作显示控制电路板部分

取下底座之后就可以看到电饭煲电路板部分，主要有控制电路板、加热盘供电端和锅底温控器引线端等，如图 5-22 所示。

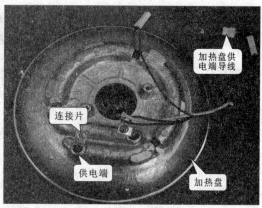

图 5-20 典型电脑控制式电饭煲的加热盘

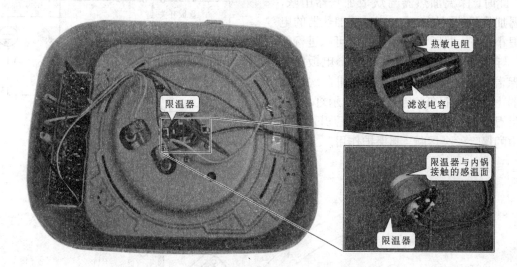

图 5-21 典型电脑控制式电饭煲中的限温器

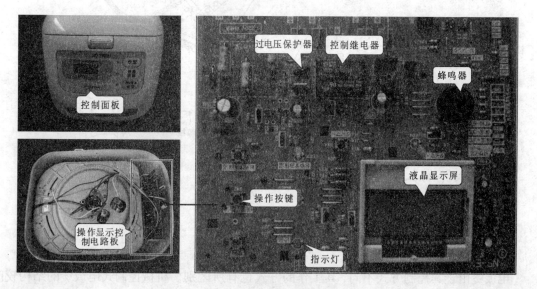

图 5-22 电脑控制式电饭煲电路板部分

5.2 电饭煲的工作原理和电路分析

图 5-23 是典型电饭煲的电路原理图，它的实际接线图如图 5-24 所示。交流 220 V 电压经炊饭开关（电源开关）加到炊饭加热器上，炊饭加热器发热，开始炊饭，在炊饭加热器上并联有一只氖灯，氖灯发光以指示炊饭加热器正在工作过程中。温控器设在锅底，当饭熟之后温度会上升超过 100 ℃。通常电饭煲的温控器采用磁钢限温器，它与炊饭开关连动，按下炊饭开关，感温磁钢与永久磁体吸合。当温度上升超过 100 ℃后，感温磁钢失去磁性，释放永久磁体，同时切断电源，停止炊饭。炊饭开关切断后，交流 220V 加到保温加热器上，此时，保温加热器与炊饭加热器串联，保温加热器的阻抗较大，流过两加热器的电流很小，加热器所发的热量刚好可以进行保温，与此同时，保温指示灯点亮，电饭煲处于保温状态。由于保温状态下加在炊饭加热器上的电压很低，因而炊饭指示灯不亮。如果温控器功能失常，加热器温度升高，电路中的保险丝会熔断，起保护作用。

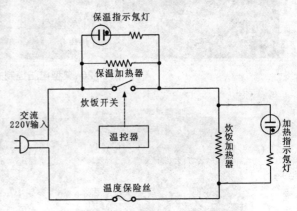

图 5-23 具有保温功能的电饭煲电路

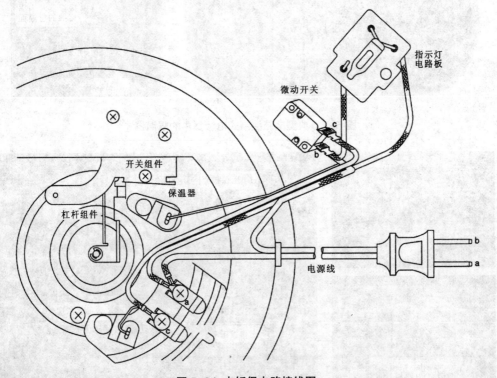

图 5-24 电饭煲电路接线图

电饭煲由于其控制方式不同，其工作的方式也有所区别。机械控制式电饭煲的结构较简单，控制方式主要通过炊饭开关进行控制，电脑控制式电饭煲主要采用操作控制电路进行控制，可以对炊饭的时间进行定时控制。

5.2.1 机械控制式电饭煲的工作原理和电路分析

图5-25是机械控制式电饭煲炊饭工作原理示意图，交流220 V电压经炊饭开关加到炊饭加热器上，炊饭加热器发热，开始炊饭，此时电饭煲处于炊饭加热状态，而在炊饭加热器上并联有一只氖灯，氖灯发光以指示电饭煲进入炊饭工作状态。

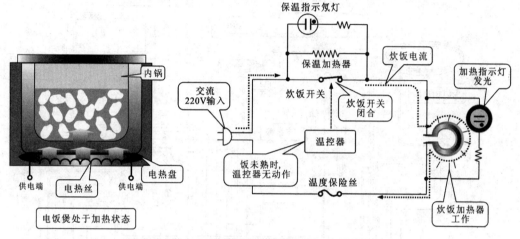

图 5-25　机械控制式电饭煲炊饭工作原理

温控器设在锅底，当饭熟后水分蒸发，锅底温度会上升超过100℃，温控器感温后复位，使炊饭开关断开，电饭煲停止炊饭加热，进入保温状态。物体由液态转为气态时，要吸收一定的能量，叫作"潜热"，此时，电饭煲内锅已经含有一定的热量。这时，温度会一直停留在沸点，直至水分蒸发后，电饭煲里的温度便会再次上升。电饭煲底面设有温度传感器和温控器，当它检测到温度再次上升，并超过100℃后，感温磁钢失去磁性，释放永久磁体，使炊饭开关断开，保温加热器串入电路之中，炊饭加热器上的电压下降，电流减小，进入保温加热状态，如图5-26所示。

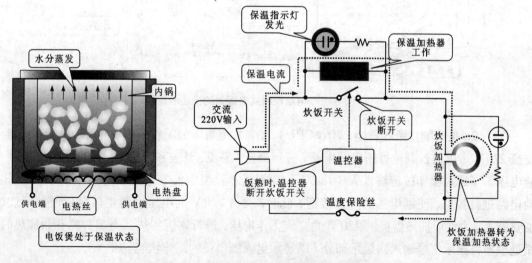

图 5-26　机械控制式电饭煲保温工作原理

5.2.2 电脑控制式电饭煲的工作原理和电路分析

图 5-27 所示为电脑控制式电饭煲的接线示意图。从图中可以看出电饭煲各部件的连接情况，电源线将交流 220 V 市电送入电源供电电路板中，在电源供电电路板中设有控制开关或温控器，然后再接到炊饭加热器上。操作显示控制电路板将人工指令控制信号送给微处理器处理，微处理器再对电饭煲的各个部件进行控制，并通过显示屏显示当前的工作状态。

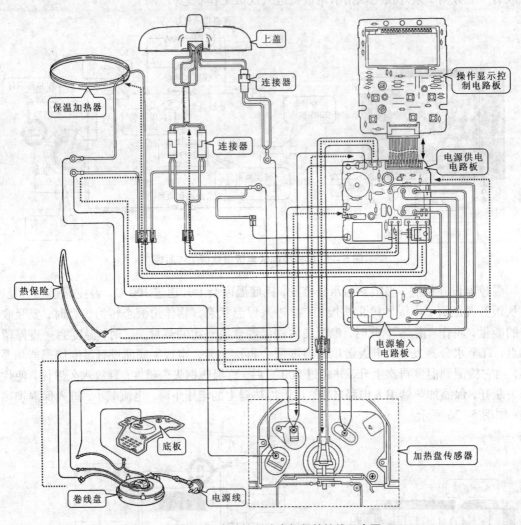

图 5-27 电脑控制式电饭煲的接线示意图

图 5-28 是电脑（微处理器，简称 CPU）控制式电饭煲的工作原理方框图。接通电源后，交流 220 V 市电通过直流稳压电源电路，进行降压、整流、滤波和稳压后，为控制电路提供直流电压。当通过操作按键输入人工指令后，由微处理器根据人工指令和内部程序对继电器驱动电路进行控制，使继电器的触点接通，此时，交流 220 V 的电压经继电器触点便加到炊饭加热器上，为炊饭加热器提供 220 V 的交流工作电压，进行炊饭加热。当加热器开始加热时，微处理器将显示信号输入到显示部分，以显示电饭煲当前的工作状态。

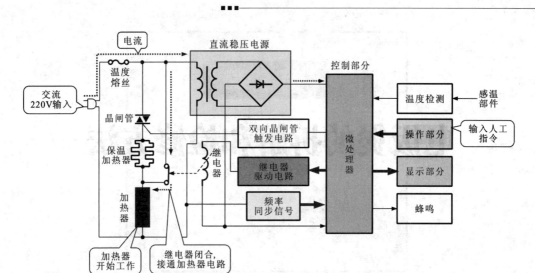

图 5-28　电脑控制式电饭煲的工作原理方框图

炊饭加热器进行炊饭加热时，锅底的温度传感器不断地将温度信息传送给微处理器，当锅内水分大量蒸发，锅底没有水的时候，其温度会超过 100 ℃，此时微处理器判断饭已熟（不管饭有没有熟，只要内锅内不再有水，微处理器便作出饭熟的判断）。当饭熟之后，继电器释放触点，停止炊饭加热，此时，控制电路启动双向晶闸管（可控硅），晶闸管导通，交流 220 V 通过晶闸管将电压加到保温加热器和炊饭加热器上，两种加热器成串联型。由于保温加热器的功率较小、电阻值较大，炊饭加热器上只有较小的电压，这种情况的发热量较小、只能起保温作用。微处理器同时对显示部分输送保温显示信号，如图 5-29 所示。

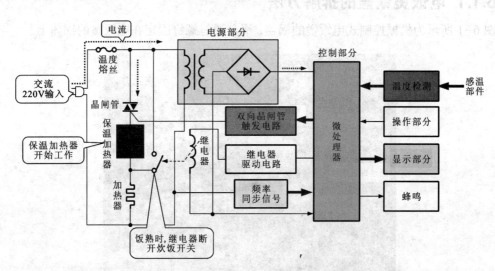

图 5-29　电脑控制式电饭煲的保温过程

第 6 章

电饭煲的拆解和检修方法

6.1　电饭煲的拆解方法

6.1.1　电饭煲锅盖的拆解方法

图 6-1 所示为机械控制式电饭煲的锅盖，锅盖通过螺钉固定在电饭煲的锅体上。

图 6-1　机械控制式电饭煲的锅盖

用十字旋具拧下锅盖与锅体之间起连接作用的螺钉，然后将锅盖向上抬起，卸下锅盖，如图 6-2 所示。

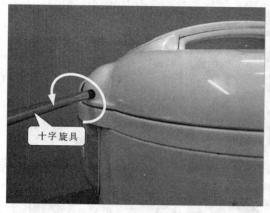

十字旋具

向上拿起锅盖

图6-2 取下锅盖与锅体之间的螺钉

为了便于对电饭煲锅盖的拆卸，将锅盖翻转过来，如图6-3所示。

在锅盖的周围用一字旋具将锅内盖撬开，取下锅内盖，如图6-4所示。

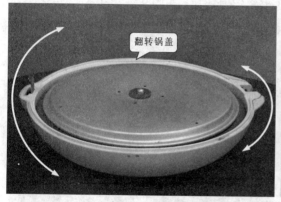

翻转锅盖

锅内盖压力圈

锅内盖

图6-3 翻转锅盖　　　　　　　　　　　**图6-4 取下锅内盖**

保温板由6个螺钉固定，用十字旋具拧下固定螺钉，取下保温板，如图6-5所示。

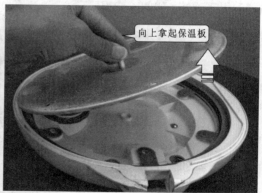

保温板

向上拿起保温板

图6-5 取下保温板

取下保温板之后就会看到密封胶圈和蒸汽孔密封胶圈，分别将它们取下，如图6-6所示。
取下的密封胶圈应放置妥当，以免损坏，影响安装。

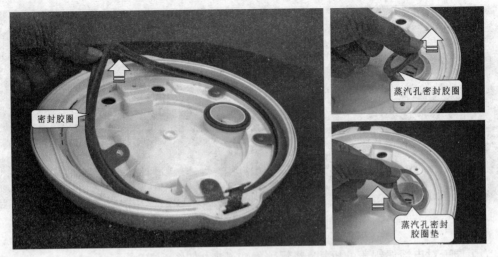

图 6-6 取下密封胶圈和蒸汽孔密封胶圈

用十字旋具将煲盖面盖上的 2 个螺钉拧下，取下煲盖面盖，如图 6-7 所示。

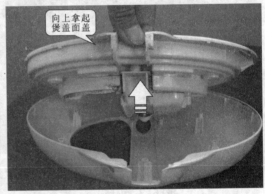

图 6-7 取下煲盖面盖

将取下的煲盖面盖翻转过来，倒扣在桌子上，可以看到煲盖面盖上面有提手面盖、提手按钮和提手弹簧，如图 6-8 所示。

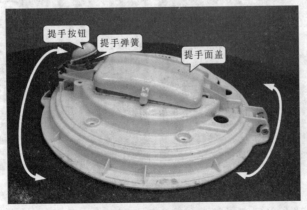

图 6-8 煲盖面盖

将提手面盖从煲盖面盖上取下，然后将提手面盖上的提手弹簧取下来，如图6-9所示。

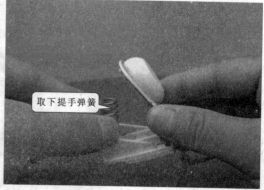

图6-9 取下提手面盖和提手弹簧

锅盖拆卸完以后，一定要将各零部件放置妥当，以免丢失，影响安装。图6-10所示为机械控制式电饭煲锅盖的分解部件。

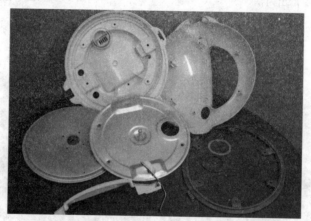

图6-10 机械控制式电饭煲锅盖的分解部件

6.1.2 电饭煲底座的拆解方法

为了避免在拆卸锅体的过程中将集水盒损坏，在锅体拆卸之前，要先将集水盒取下来，如图6-11所示。

图6-11 卸下集水盒

将内锅从电饭煲中取出来,如图 6-12 所示。

将电饭煲锅体翻转过来,放置在桌子上,方便对其底部进行拆卸,可以看到电饭煲底座的内凹槽内固定有电源插座,如图 6-13 所示。

图 6-12 取出内锅

图 6-13 翻转电饭煲锅体

将固定电源插座的 2 个螺钉用十字旋具拧下,取下电源插座的电源保护壳,如图 6-14 所示。

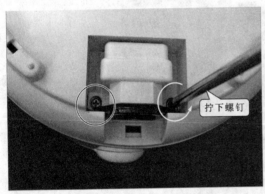

图 6-14 取下电源保护壳

这时看到电源插座的背面有 3 根数据线连接,这 3 根数据线分别为蓝色、黄色和棕色,如图 6-15 所示。

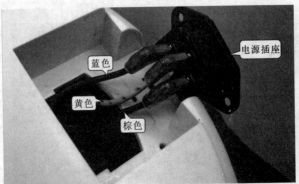

图 6-15 连接电源插座的数据线

将3根数据线分别拔下，这时电源插座就可以卸下来了，如图6-16所示。

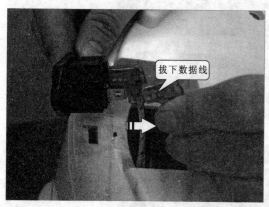

图6-16 拔下连接电源插座的数据线

手扶稳电饭煲，用十字旋具拧下固定底座的螺钉，如图6-17所示。

拧下螺钉之后就可以把电饭锅底座整体取下来了，取下底座的时候要注意底座四周的卡扣，如图6-18所示。

图6-17 拧下螺钉　　　　　　　　　　图6-18 取下电饭锅底座

6.1.3 电饭煲炊饭装置的拆解方法

取下底座之后即可看到电饭煲底部的炊饭装置，主要有磁钢限温器、双金属片恒温器、加热器、熔断器和外锅等，如图6-19所示。

用十字旋具拧下固定双金属片恒温器的螺钉，然后再拧下连接双金属片恒温器的两根数据线，这时双金属片恒温器就可以完整取下来了，如图6-20所示。

用十字旋具拧下供电微动开关固定在加热杠杆开关上的螺钉，然后拧下固定在加热器上的螺钉，拔下供电微动开关上的两根数据线，供电微动开关即可完整卸下，如图6-21所示。

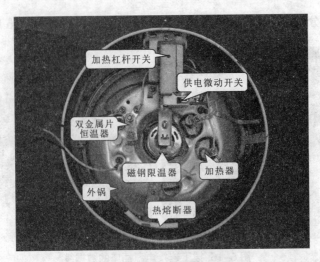

图 6-19 电饭锅的炊饭装置

图 6-20 卸下双金属片恒温器

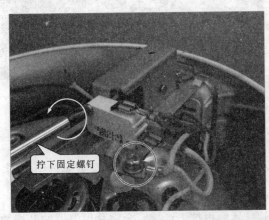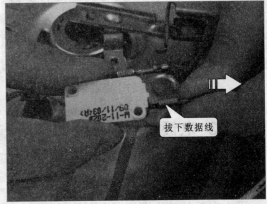

图 6-21 卸下供电微动开关

　　拧下加热杠杆开关固定在锅体上的螺钉，然后再拧下固定在外锅上的螺钉，如图 6-22 所示。

拧下固定在锅体上的螺钉

拧下固定在外锅上的螺钉

图6-22　拧下加热杠杆开关固定在锅体上的螺钉

　　用尖嘴钳将磁钢限温器连杆的定位卡片夹弯，弯度与加热杠杆开关的卡槽大小相同，如图6-23所示。这时，可以把加热杠杆开关完整取下来了，取下加热杠杆开关的时候要注意加热杠杆开关与锅体、内锅的卡扣。

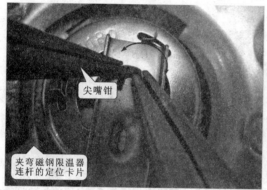

尖嘴钳

夹弯磁钢限温器连杆的定位卡片

夹弯后的定位卡片

图6-23　夹弯磁钢限温器连杆的定位卡片

　　用十字旋具拧下热熔断器固定在外锅上的螺钉，用一字旋具拧下固定在加热器上的螺钉，如图6-24所示。

十字旋具

固定铁片

热熔断器

一字旋具

加热器

图6-24　卸下热熔断器

用一字旋具拧下接地钢片固定在外锅上的螺钉,然后放在电饭煲外锅与锅体之间的空隙处,便于电饭煲外锅的拆卸,如图 6-25 所示。

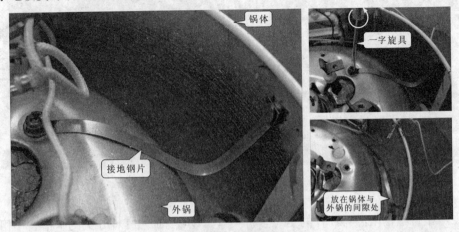

图 6-25 拧下固定接地钢片的螺钉

电热盘通过螺钉固定在外锅上,用手托住电饭锅内的电热盘,防止电热盘松动后摔坏,同时用一字旋具拧下固定螺钉,如图 6-26 所示。

图 6-26 卸下电热盘

用钳子将感温磁钢三个连杆的定位卡片夹直,磁钢限温器就可以从套筒中卸下来了,如图 6-27 所示。

图 6-27 卸下磁钢限温器

将复位弹簧从感温磁钢上取下，如图6-28所示。

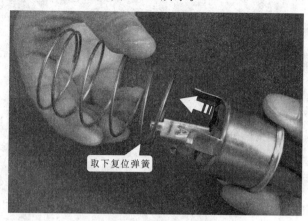

取下复位弹簧

图6-28 取下复位弹簧

6.1.4 电饭煲内锅及控制电路板的拆解方法

从内锅背面的四周可以看到内锅是通过螺钉固定在锅体上，而螺钉被锅体外侧的外凹槽保护罩防护，用一字旋具撬开保护罩两侧的卡扣，如图6-29所示。

取下保护罩的同时要注意保护罩底端的三个卡扣，如图6-30所示，分别将卡扣从锅体中取出来，才能最终卸下保护罩。

撬开保护罩

图6-29 撬开保护罩

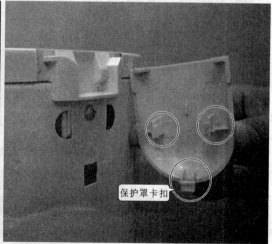

保护罩卡扣

图6-30 卸下保护盖

用十字旋具拧下锅体外侧的固定螺钉，如图6-31所示。

拧下螺钉之后，把集水盒处的集水装置用双手掰开，掰开的同时也要注意集水装置与锅体之间的卡槽，如图6-32所示。

用一字旋具沿着锅体围框与锅体之间的缝隙撬开，撬开的时候要注意围框周围的卡扣，一共有6个卡扣，如图6-33所示。卡扣全部撬开之后，外锅就可以从电饭煲锅体中取出来了。

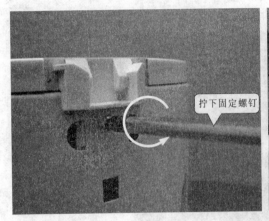

图 6-31 拧下固定螺钉

图 6-32 卸下集水装置

图 6-33 撬开电饭煲锅体围框

锅体的内侧通过卡扣固定操作面板，用双手向下按卡扣之后，向外推操作面板，这时能够从锅体上卸下操作面板了，如图 6-34 所示。

用一字旋具撬开操作电路板两侧的卡扣，卸下操作电路板，如图 6-35 所示。

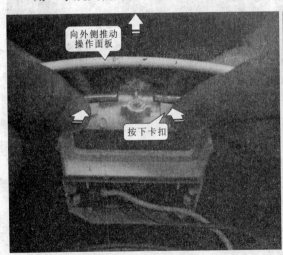

图 6-34 卸下操作面板

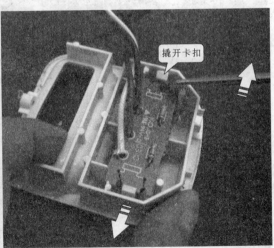

图 6-35 卸下操作电路板

6.2 电饭煲的检修方法

6.2.1 电饭煲电器部件的检修方法

电饭煲作为一种日用小家电产品，使用频率较高，出现故障大多是由主要组成部件损坏所引起的故障，并且由于其结构并不复杂，因此对电饭煲的维修也相对简单。在这一训练中，主要对电饭煲中几种常见的、主要的功能部件（如加热盘、限温器、双金属恒温器、保温加热器）进行检测。

1. 加热盘的检测方法

加热盘是电饭煲的主要部件之一，是用来为电饭煲提供热源的部件。由于电饭煲在长期使用以及挪动过程中，可能会出现内部连接线老化或松动等现象，应先检查加热盘连接线的情况，然后再使用万用表对加热盘自身的性能（加热盘的电阻值）进行检测。加热盘检测的具体操作方法如图6-36所示。

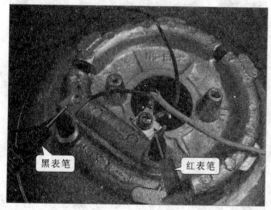

黑表笔　　红表笔　　实测数值为13.5Ω

图6-36 万用表检测加热盘的方法

正常情况下，加热盘的两供电端之间的阻值约为十几至几十欧姆，若测得阻值过大或过小，都表示加热盘可能损坏，应以同规格的加热盘进行更换。

2. 磁钢限温器的检测方法

检测磁钢限温器时，查看磁钢限温器与加热盘之间是否有异物卡住。若有，使用镊子将其取出。

电饭煲断电后，待加热盘完全冷却后，向下按动磁钢限温器，查看磁钢限温器是否恢复到原来的位置，具体操作方法如图6-37所示。

通过机械拨动，检测炊饭开关与磁钢限温器的连接情况，如图6-38所示。

拨动操作炊饭开关，观察磁钢限温器的工作状态，检查炊饭开关与磁钢限温器之间的连接是否良好。若拨动炊饭开关后，磁钢限温器没有动作，表明磁钢限温器与炊饭开关之间的连接已经失常。

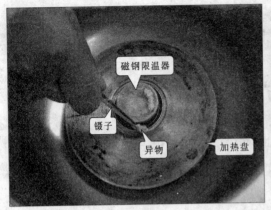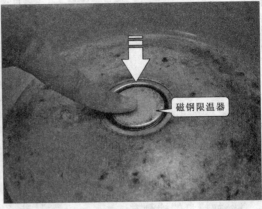

图 6-37 磁钢限温器的检测方法

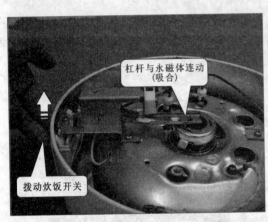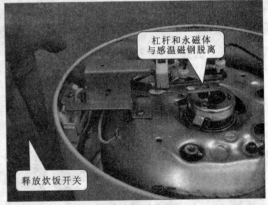

图 6-38 机械式磁钢限温器的检测方法

3. 热敏电阻式限温器的检测方法

热敏电阻式限温器中, 热敏电阻被放置在护套中, 因此, 检测时可在万用表的表笔上安装大头针, 方便万用表的表笔扎入热敏电阻的护套中检测热敏电阻的阻值。

将万用表的红黑表笔安装上大头针分别扎入热敏电阻的护套中。常温时, 正常情况下, 万用表会检测到一个较小的阻值, 具体操作方法如图 6-39 所示。

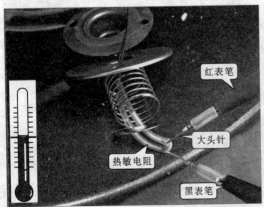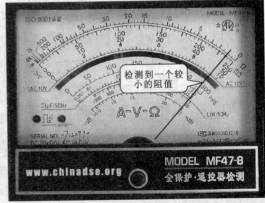

图 6-39 正常热敏电阻式限温器的检测方法

保持万用表的红黑表笔不动，用电烙铁或电吹风机靠近，人为模拟热敏电阻器的环境温度升高。温度升高时，正常情况下，万用表指针处于摆动状态，如图6-40所示。

正常情况下，在常温的环境中，热敏电阻应有一个较小的阻值；当其周围的温度升高时，其阻值应随温度的变化而发生变化，万用表表盘中的指针会有所摆动。若热敏电阻的阻值没有随周围温度升高而变化，表明热敏电阻已经损坏，需要将其进行更换。

4. 双金属片恒温器的检测方法

双金属片恒温器并联在磁钢限温器上，是电饭煲中自动保温的装置。检测该器件时，通常检测两接线片之间的阻值来进行判断是否损坏。

将万用表的红黑表笔分别搭在双金属恒温器两接线片上。正常情况下，万用表检测到的阻值应接近0Ω，如图6-41所示。

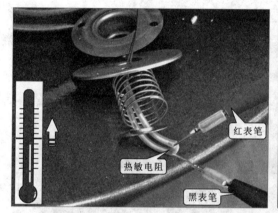

图 6-40 热敏电阻式限温器的检测方法

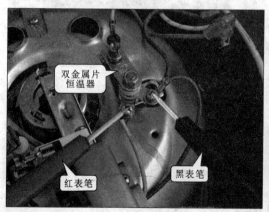

图 6-41 正常双金属片恒温器的检测方法

正常情况下，双金属片两接线片之间的阻值应接近0Ω，若检测的阻值为无穷大，则可能是双金属片恒温器触点表面氧化，或弹性不足。若双金属片恒温器的触点表面被氧化，检修时，可以使用钢锯条或一字旋具等将触点表面的氧化层刮除。当双金属片的弹性不足时，可对调节螺钉进行调节，如图6-42所示。

图 6-42 双金属片恒温器的检测方法

5. 保温加热器的检测方法

保温加热器是微电脑控制式电饭煲中的保温装置。对其进行检测时，主要检测保温加热器的阻值是否正常。保温加热器检测的具体操作方法如图 6-43 所示（以锅外围保温加热器为例）。

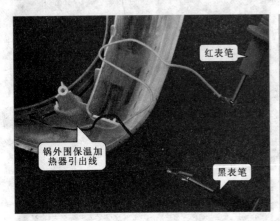

图 6-43 保温加热器的检测方法

将万用表的两表笔分别搭在锅外围保温加热器的两引线端，观察万用表表盘读出实测数值为 37.5Ω。

正常情况下，检测保温加热器的阻值应在 37.5 Ω 左右。若阻值远大于或小于该阻值，则表明保温加热器有可能损坏。

6.2.2　电饭煲控制电路的检修方法

操作显示控制电路板用于对电饭煲的炊饭、保温工作进行控制及显示。当操作显示控制电路板上有损坏的元件，常会引起电饭煲出现工作失常、操作按键不起作用、炊饭不熟、夹生、中途停机等故障。

使用万用表检测时，主要通过检测操作显示电路板上的各元件，来判断操作控制电路板是否损坏。例如，使用万用表检测液晶显示屏的好坏、蜂鸣器的功能特点、操作按键的通断、微处理器的好坏及控制继电器的状态等。

1. 液晶显示屏的检测方法

液晶显示屏主要用于显示电饭煲当前的工作状态；液晶显示屏本身损坏的概率不高，大多情况下是因液晶显示屏与电路板之间的连接线脱落等引起的，因此实际检测前，应先检查液晶显示屏与电路板的连接是否正常。

若确认连接正常，可用万用表检测液晶显示屏输出引线中各引脚的对地阻值，来判断液晶显示屏是否存在故障。以液晶显示屏⑨脚为例进行介绍，液晶显示屏检测的具体操作方法如图 6-44 所示。将红表笔搭在液晶显示屏的⑨脚上，黑表笔搭在接地端。正常情况下，万用表检测到的阻值为 34 Ω 左右。

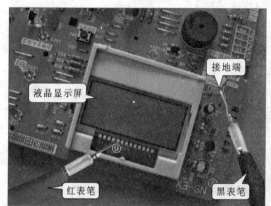

图 6-44 液晶显示屏的检测方法

将实测液晶显示屏输出引线中各引脚的对地阻值与标准值（可查询维修手册或选择已知良好的同型号电饭煲进行对照测量）进行比较，若偏差较大，则说明液晶显示屏存在异常，应进行修复或更换。

【要点提示】

正常情况下测得芯片 K2411 各引脚的正反向对地阻值见表 6-1。

表 6-1 正常情况下测得芯片 K2411 各引脚的正反向对地阻值

引脚	对地阻值（×1Ω）	引脚	对地阻值（×1Ω）	引脚	对地阻值（×1Ω）
①	34	⑥	34	⑪	35
②	35	⑦	34	⑫	36
③	34	⑧	34	⑬	36
④	34	⑨	34		
⑤	34	⑩	34		

2. 蜂鸣器的检测方法

在微电脑控制式电饭煲中通常安装有蜂鸣器，主要是用来发出提示声，提示用户电饭煲的工作状态。若蜂鸣器损坏，将导致电饭煲自动提示功能失常。将万用表量程旋钮调至"×100"欧姆挡，红黑表笔分别搭在蜂鸣器的两引脚上，具体操作方法如图 6-45 所示。

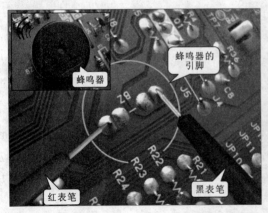

图 6-45 蜂鸣器的检测方法

正常情况下，蜂鸣器两引脚的阻值应为 $8.5 \times 100\,\Omega$ 左右，并且在红、黑表笔接触电极的一瞬间，蜂鸣器会发出声响。

3. 操作按键的检测方法

操作按键主要是用来实现对电饭煲各种功能指令的输入，检测操作按键是否正常时，主要借助万用表检测各操作按键在不同状态下的阻值是否正常。

未按下操作按键时，将万用表的红黑表笔分别搭在操作按键的不同引脚上。正常情况下，万用表检测到的阻值应为无穷大，如图 6-46 所示。

图 6-46 正常操作按键的检测方法

按下操作按键，将万用表的红黑表笔分别搭在操作按键的不同引脚上。正常情况下，万用表检测到的阻值应为 $0\,\Omega$，如图 6-47 所示。

4. 微处理器的检测方法

微处理器是操作控制电路中的核心部件，也是控制中心。检测微处理器时，一般通过检测微处理器各个引脚的对地阻值进行判断。以微处理器的㉕脚为例进行介绍，典型微电脑控制式电饭煲中微处理器检测的具体操作方法如图 6-48 所示。

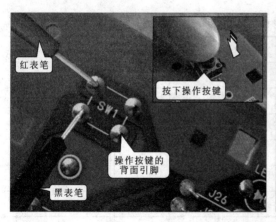 

图 6-47 操作按键的检测方法

将万用表的红表笔搭在微处理器的㊄脚上，黑表笔搭在接地端。正常情况下，万用表的读数为 30Ω 左右。

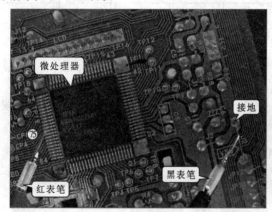 

图 6-48 典型电饭煲中微处理器的检测方法

将实测结果与标准值（查询集成电路手册）进行对照，若偏差较大，则多为微处理器损坏，应用同型号微处理器芯片进行更换。

【要点提示】

典型电饭煲中微处理器各引脚的对地阻值见表 6-2。

表 6-2 典型电饭煲中微处理器各引脚的对地阻值（万用表挡位：×1Ω挡）

引脚	对地阻值	引脚	对地阻值	引脚	对地阻值	引脚	对地阻值	引脚	对地阻值
①	34	⑱	18.5	㉟	38	㊾	34	㊾	0
②	35	⑲	18.5	㊱	∞	㊵	34	⑦⓪	0
③	34	⑳	18.5	㊲	38	㊴	35	⑦①	30
④	34	㉑	∞	㊳	38	㊵	33	⑦②	30
⑤	34	㉒	18	㊴	37	㊶	34	⑦③	30
⑥	27	㉓	18	㊵	0	㊷	33	⑦④	30

65

续表 6-2

引脚	对地阻值	引脚	对地阻值	引脚	对地阻值	引脚	对地阻值	引脚	对地阻值
⑦	27	㉔	0	㊶	36	㊸	33	㊅	30
⑧	27	㉕	24	㊷	36	㊴	∞	㊆	∞
⑨	27	㉖	24	㊸	0	⑥⓪	33	⑦⑦	30
⑩	27	㉗	13.5	㊹	35	⑥①	∞	⑦⑧	30
⑪	21	㉘	25	㊺	35	⑥②	33	⑦⑨	29
⑫	21	㉙	25	㊻	34	⑥③	∞	⑧⓪	30
⑬	26	㉚	25	㊼	34	⑥④	∞	⑧①	30
⑭	∞	㉛	13	㊽	34	⑥⑤	32	⑧②	29
⑮	19	㉜	38	㊾	34	⑥⑥	32	⑧③	29
⑯	19	㉝	38	㊿	34	⑥⑦	31	⑧④	∞
⑰	19	㉞	38	⑤①	34	⑥⑧	∞		

5. 控制继电器的检测方法

控制继电器主要用于对加热盘的供电进行控制，对其进行检测时，主要检测该器件中线圈的阻值和两触点间的阻值。

将万用表的红黑表笔分别搭在控制继电器的线圈两端引脚上。正常情况下，万用表的读数为 $23 \times 100\ \Omega$ 左右，具体操作方法如图 6-49 所示。

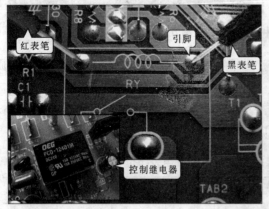

图 6-49 加热控制继电器的检测方法

常态下，控制继电器线圈未通电，其触点处于打开状态，万用表检测两触点间的阻值应为无穷大，如图 6-50 所示。

正常情况下，检测加热控制继电器线圈阻值时，应有 $23 \times 100\ \Omega$ 左右的阻值。

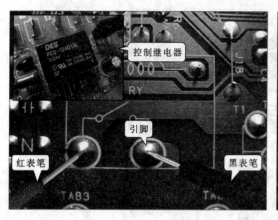

图 6-50 加热控制继电器的检测方法

【信息扩展】

在有些电饭煲中，除了操作控制电路板外，还设有专门的电源电路，如图 6-51 所示。对于该类电饭煲，若出现通电无反应、开机不动作等故障时，还应重点对电源电路部分进行检测。

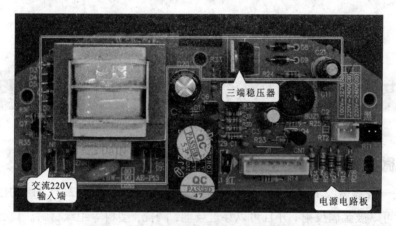

图 6-51 典型电饭煲中电源电路的实物外形

第7章

微波炉的结构原理和电路分析

7.1　微波炉的结构组成和工作原理

7.1.1　微波炉的结构组成

微波炉是一种靠微波加热食物的厨房电器,其微波频率一般为 2.4 GHz 的电磁波。微波的频率很高,可以被金属反射,并且可以穿过玻璃、陶瓷、塑料等绝缘材料。

微波炉根据控制方式不同,可分为机械控制式微波炉和电脑控制式微波炉。图 7-1 所示为这两种典型微波炉的外部结构图。

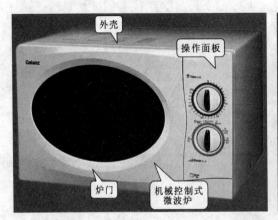
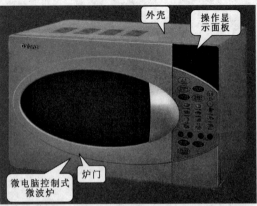

图 7-1　典型微波炉的外部结构图

微波炉通常采用箱体式设计，整个微波炉被箱体罩住。观察微波炉的正面，首先可以看到炉门，炉门上通常安装有门罩，方便用户观看加热情况；在炉门旁边常设计有操作面板（旋钮、按键、显示屏等），方便用户对微波炉进行操作，并同步显示当前微波炉的工作状态。

微波炉的外形、控制方式虽有不同，但其内部的结构却大同小异，都是由保护装置、微波发射装置、转盘装置、烧烤装置、控制装置等几部分构成的。只是机械控制式微波炉和电脑控制式微波炉在控制方式上所采用的电路或部件不同。

微波发射装置主要由磁控管、高压变压器、高压电容和高压二极管等组成；烧烤装置由石英管、石英管支架、石英管固定装置以及石英管保护盖等构成；转盘装置由食物托盘、转盘支架、三角驱动轴和转盘电动机等构成；保护装置主要由高低熔断器、温度保护器、门开关组件构成；照明装置主要由照明灯和支架构成；散热装置由散热风扇电动机、扇叶和支架等部分构成；控制装置通常有机械控制装置和微电脑控制装置两种，两种装置结构不同；如图7-2所示。

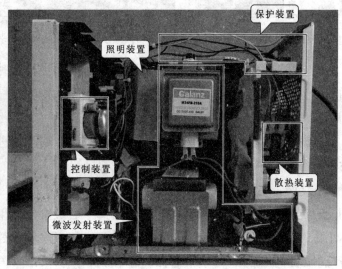

图7-2 微波炉的内部结构

1. 微波发射装置

微波炉的微波发射装置是整机的核心部件，通常安装在微波炉的中心位置，用以实现向微波炉内发射微波，对食物进行加热。

微波发射装置主要由磁控管、高压变压器、高压电容和高压二极管组成。其中磁控管固定在微波炉腔体上；高压变压器固定在底板上；高压电容器位于微波炉风扇支架的底端，其中一引脚连接高压二极管；高压二极管一端连接微波炉金属外壳，一端连接高压电容器如图7-3所示。交流220V电压经高压变压器、高压电容和高压二极管后，变为4000V左右的高压送入到磁控管中，使磁控管产生微波信号对食物进行加热。

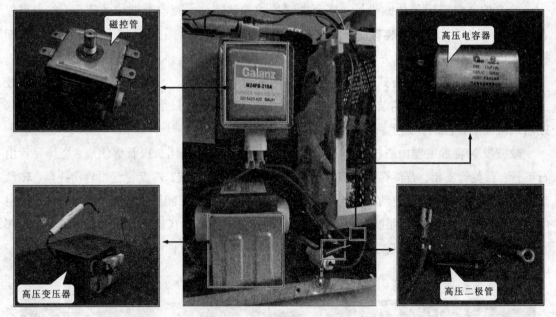

图 7-3 典型微波炉中的微波发射装置

由于微波发射装置中磁控管的外形特征明显，在检修时，可先根据外形特征找到磁控管的安装位置，再由磁控管的供电线路找出磁控管的供电器件，即高压变压器。

2. 烧烤装置

微波炉的烧烤装置是指通过发射热辐射光线，对食物进行烧烤加热的部件，通常位于微波炉顶部，检修时可重点对微波炉顶部进行拆解和检查。

烧烤装置主要是由石英管、石英管支架、石英管固定装置以及石英管保护盖等部分构成的。石英管是一种电热器件，主要由供电端、石英管外壳和电热丝等构成，安装在微波炉腔体上方，通过线缆与控制部分相连；石英管支架用来承载石英管，并对石英管发出的热量进行反射，提高加热效率；石英管保护盖起保护作用，如图 7-4 所示。

3. 转盘装置

微波炉中的转盘装置用于在加热食物过程中不断地旋转，从而使食物受热均匀，该装置通常安装于微波炉的底部。

转盘装置主要由食物托盘、转盘支架、三角驱动轴和转盘电动机等构成。其中食物托盘在三角驱动架的带动下，在滚圈上转动；转盘支架用来辅助食物托盘转动；转盘电动机带动三角驱动轴旋转，从而带动托盘上的食物旋转，如图 7-5 所示，食物托盘、转盘支架、三角驱动轴安装于微波炉的炉腔内，转盘电动机安装于微波炉的底部。

4. 保护装置

微波炉中设有多个保护装置，主要包括对电路进行保护的熔断器、过热保护的温度保护器、防止微波泄漏的门开关组件以及实现高压保护的高压熔断器等，如图 7-6 所示。

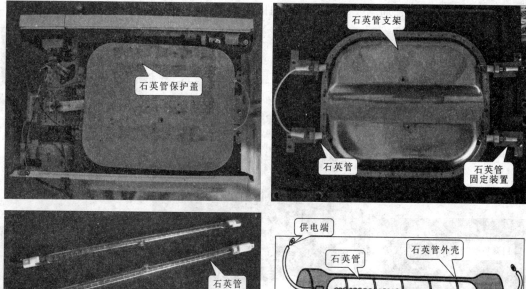

图 7-4　典型微波炉的烧烤装置

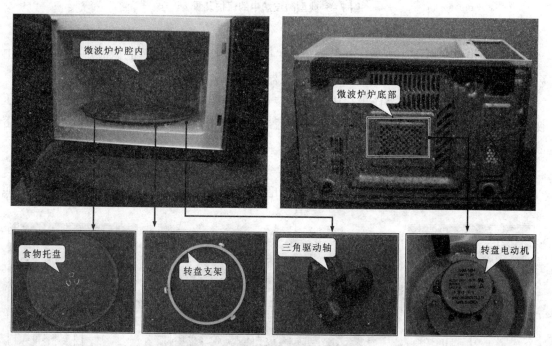

图 7-5　典型微波炉中的转盘装置

　　其中，熔断器接在微波炉的供电电路中，当电路中出现电流过大时，起到保护电路的作用，它通常位于微波炉的顶部，安装于风扇电机的支架上。当电路中出现过电流情况时，熔断器便会熔断，切断电源，保护电路部件不受损坏。

　　温度保护器用于监测微波炉炉腔内的温度，当微波炉炉腔内的温度过高，达到温度保护器的感应温度时，温度保护器就会自动断开，起到保护电路的作用，从而实现对整个微波炉进行过热保护的作用，它通常安装于微波炉的顶部。

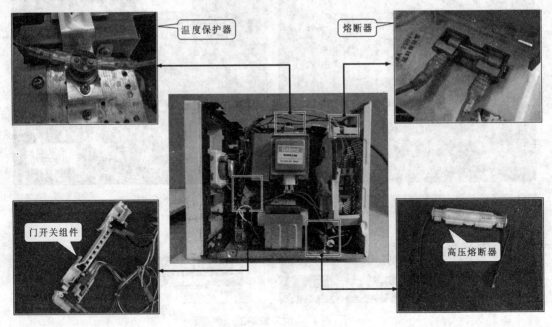

图 7-6 典型微波炉中的保护装置

门开关组件主要由 3 个微动开关构成，它是为了安全起见而设置的微波炉保护装置，主要用以控制微波器件的电源，防止开门时微波器件误动作伤人。

高压熔断器是微波炉高压电路中的保护装置，常安装在微波炉底部与高压电容器和高压变压器进行连接。当微波炉高压电路中的电流或电压高于高压熔断器的额定范围时，高压熔断器会进行熔断，从而实现对高压电路的保护。

5. 照明和散热装置

微波炉中通常都设有照明和散热装置，如图 7-7 所示。照明装置主要由照明灯构成，照

图 7-7 典型微波炉中的照明和散热装置

明灯位于腔体旁边，打开炉门或加热时对炉腔内进行照明方便拿取和观察食物；散热装置主要由散热风扇电动机、扇叶和支架构成，常安装在靠近热源的支架上，主要用于加速微波炉内空气的流动速度，以此来对微波炉进行降温。

6. 控制装置

控制装置是微波炉整机工作的控制核心，根据设定好的程序，对微波炉内各部件进行控制，协调各部分的工作。根据微波炉控制方式不同，控制装置可分为机械控制装置和电脑控制装置两种。

（1）机械控制装置

机械控制装置是指通过机械功能部件实现整机控制的装置，主要由定时器组件和火力调节组件等构成，如图 7-8 所示。

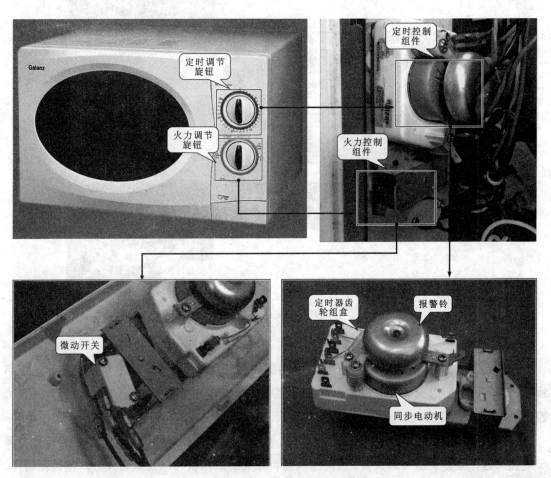

图 7-8 典型微波炉中的机械控制装置

用户通过旋钮对火力和时间进行设置，机械控制装置便会根据设定内容控制微波炉的工作状态。

【信息扩展】

在微波炉机械控制装置中,定时器和火力调节组件内部又由多个机械部件构成。

1)定时器组件主要由报警铃、同步电动机和定时器齿轮组盒构成。同步电动机是该装置中的核心器件,它是驱动定时器的动力源,其转速与电源频率同步(1500转/分)。

图 7-9 所示为格兰仕 WD900 型微波炉中定时器组件的实物外形。可以看到,同步电动机位于报警铃下部,取下报警铃后即可看到同步电动机,定时器齿轮组盒位于同步电动机下部。

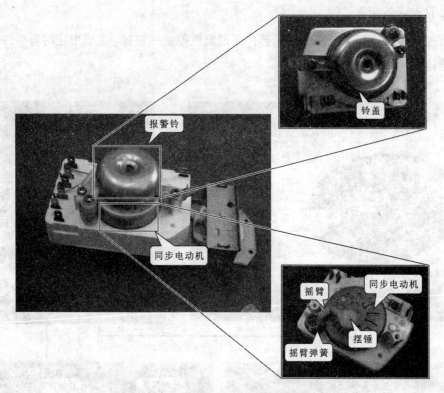

图 7-9 格兰仕 WD900 型微波炉中的定时器组件

打开定时器齿轮组盒外壳后,可以看到内部许多的齿轮及组件,其中包括定时开关控制齿轮、定时开关触片、火力开关触片、火力开关控制杆、定时开关控制杆、同步电动机传动齿轮、控制轮、火力开关控制齿轮等,如图 7-10 所示。

2)火力调节组件主要包括火力调节旋钮、微动开关、火力调整齿轮等。通过旋转火力调节旋钮来选择微波炉适当的火力,进而控制微动开关的工作状态以及带动火力调整齿轮动作,来使定时/火力控制组件中的火力设置齿轮转动。

(2)电脑控制装置

电脑控制装置与机械控制装置不同,电脑控制装置是指微波炉采用以微电脑芯片(微处理器)为核心的自动控制、自动检测和自动保护控制电路进行整机控制的装置,电路结构如图 7-11 所示。

可以看到，图7-11所示的微波炉电脑控制装置主要是由操作电路板和显示控制电路板构成的，二者通过连接插件进行连接，其中电路板中包括操作、显示、电源和控制等电路，来实现信号的传输，将电路板与控制面板分离即可看到电路结构。

【信息扩展】

在微波炉的电脑控制装置中，两个电路上安装有各电子元器件和功能部件，实现电路功能。

1）操作电路板用于对微波炉的启动、微波、定时和火力等的控制，其结构较简单，主要由微动开关和编码器等组成，如图7-12所示。

微动开关也就是操作按键，用于控制微波炉各功能的开启，编码器也就是时间调节旋钮，用于对微波炉时间的调整，用户通过旋转编码器的转柄，将预定时间转换成控制编码信号，送入微处理器中进行识别、记忆和控制。

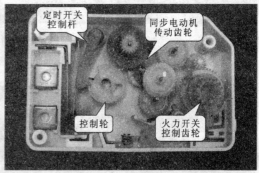

图7-10 定时/火力控制组件的内部结构

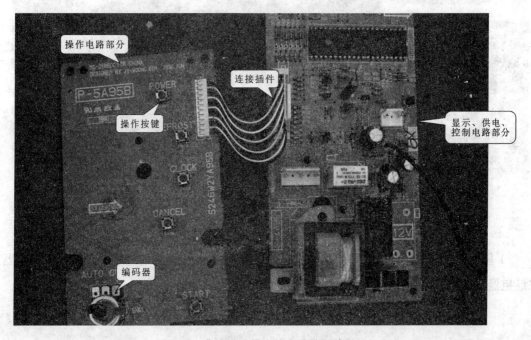

图7-11 典型微波炉中的电脑控制装置

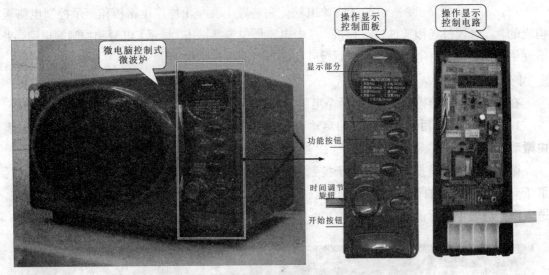

图 7-11 典型微波炉中的电脑控制装置（续）

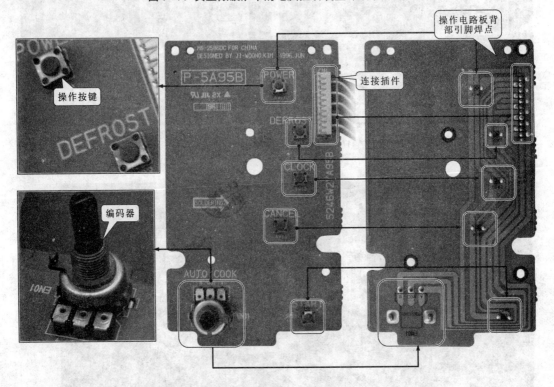

图 7-12 典型微波炉电脑控制装置中的操作电路板

2）显示控制电路板较操作电路板的结构复杂,主要由微处理器、降压变压器、电源继电器、主继电器、蜂鸣器和多功能显示器等构成,如图 7-13 所示。

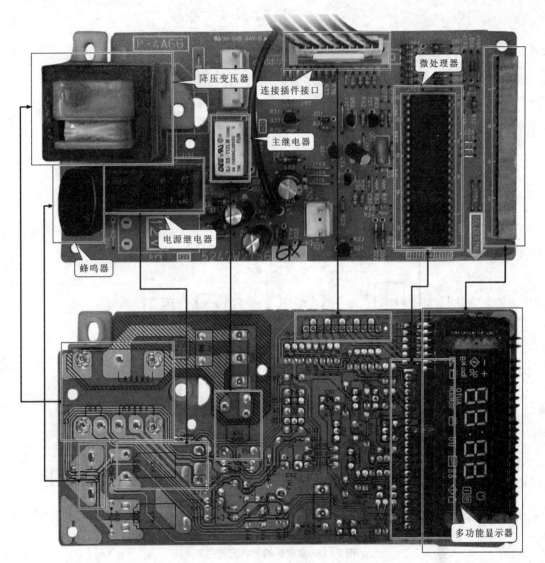

图 7-13 典型微波炉中的显示控制电路板

7.1.2 微波炉的工作原理

图 7-14 所示为典型微波炉的加热示意图。

由图可知，磁控管得到高电压后，磁控管的天线能产生 2450 MHz 的超高频信号（微波信号），该信号的波长比较短，并且可以被金属物质反射，因此微波信号在腔室内不断反射，在穿过食物时，微波会使食物内的水分子之间产生"摩擦"，食物内水温升高，食物温度也会升高。

微波炉是由各单元电路协同工作，完成对食物的加热，是一个非常复杂的过程。图 7-15 所示为微波炉的控制关系示意图。在工作时，由电源供电电路为各单元电路提供工作电压，微处理器通过控制继电器对微波炉内主要部件的供电进行控制。

电源供电电路输出直流低压和交流 220 V 电压，其中直流低压为其他电路供电，而交流

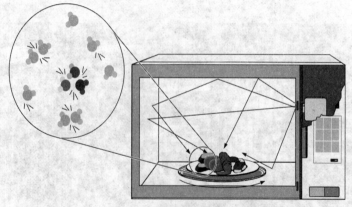

图 7-14 典型微波炉的加热示意图

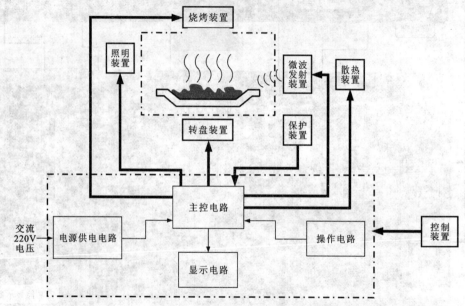

图 7-15 微波炉的整机控制关系

220V 则为高压变压器、照明灯等主要部件供电。电源供电电路分别将直流低压和交流市电送入到主控电路中；主控电路是整个微波炉的控制核心，其主要作用就是对各主要部件进行控制，协调各部分的正常工作，主控电路通过微处理器以及晶体管、继电器等对微波炉的主要部件进行控制，并通过保护装置对微波炉的运行进行监控、保护；操作电路为微处理器提供人工指令信号；显示电路在微处理器的控制下，显示微波炉当前的工作状态；微波发射装置由磁控管、高压变压器、高压二极管和高压熔断器构成。

【要点提示】

　　微波炉中的各个组件及其相应的电路都不是独立存在的，微波炉工作正常的状态下，各个组件及其相关电路之间相互传输各种信号，微波炉也正是因为信号的传递，从而实现了微波炉微波加热、烧烤、解冻等各种功能。

　　微波炉的控制简图如图 7-16 所示，当高压变压器 T1 的一次侧绕组加上 220 V 交流电压，磁控管就会工作，发射微波，对食物加热。为了进行操作控制，以及安全保护在供电电路中设置了很多开关和检测控制电路，这样就使得电路变得较复杂，因而只要分清主供电电路和辅助控制电路，很容易理解电路原理。

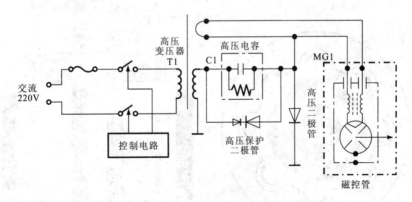

图7-16　微波炉的控制简图

磁控管是一种产生微波信号的器件，典型磁控管的实物外形如图7-17所示。

图7-17　磁控管的实物外形

从结构上讲，磁控管是一种特殊的真空器件。它的内部设有阳极、阴极和灯丝，如图7-18所示。

可以看到，在磁控管内部的阴极和阳极之间制出了许多谐振腔并均匀排列在圆周上。这样，电子流在谐振腔内形成腔体谐振，其谐振频率与腔体的几何尺寸和形状有关。

在工作时，阳极接地，阴极接负电压（通常负电压达 -4000 V）。灯丝为阴极加热，阴极受热后会产生电子流飞向阳极。

在磁控管的外部加上强磁场，磁控管中的电子流受到磁场的作用做圆周运动。由于磁控管内空间的特殊形状，电子在谐振腔内运动时便会形成谐振，从而产生微波振荡信号。

在磁控管的中心制作有一个圆筒形的波导管，微波信号便从波导管中辐射出来，这就是波导管的作用。这类似于发射天线，因此也被称为微波天线。

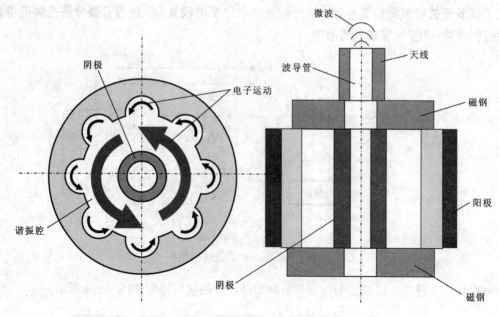

图 7-18 磁控管的内部结构

　　微波的传输特性是沿着波导管的方向辐射。微波炉的炉腔是由金属板制成的，微波遇到金属板会形成反射，微波借助于炉腔金属板的反射作用，可以辐射到炉腔的所有空间。在微波的作用下，食物内的分子互相摩擦生成热量，从而使温度升高，最终将食物加热、变熟。

7.2　微波炉的电路分析

7.2.1　定时器控制方式微波炉的电路分析

　　采用机械控制装置的微波炉，以定时器作为主要控制部件，由其对微波炉内各功能部件的供电状态及通电时间进行控制，从而实现整机自动加热、停止的功能。

1. LG MG-4987T 型微波炉整机工作过程分析

　　LG MG-4987T 型微波炉属于机械控制式微波炉，图 7-19 所示为其工作原理图，可以看到其主要是由高压变压器、高压二极管、高压电容和磁控管等部件构成的。

　　由图可见，这种电路的主要特点是由定时器控制高压变压器的供电。将定时旋钮旋到一定时间后，交流 220 V 电压便通过定时器为高压变压器供电。当到达预定时间后，定时器回零，便切断交流 220 V 供电，微波炉停机。

　　微波炉的磁控管是微波炉中的核心部件。它是产生大功率微波信号的器件，它在高电压的驱动下能产生 2450 MHz 的超高频信号，由于它的波长比较短，因此这个信号被称为微波信号。利用这种微波信号可以对食物进行加热，所以磁控管是微波炉里的核心部件。

　　给磁控管供电的重要器件是高压变压器。高压变压器的一次侧接 220 V 交流电，高压变

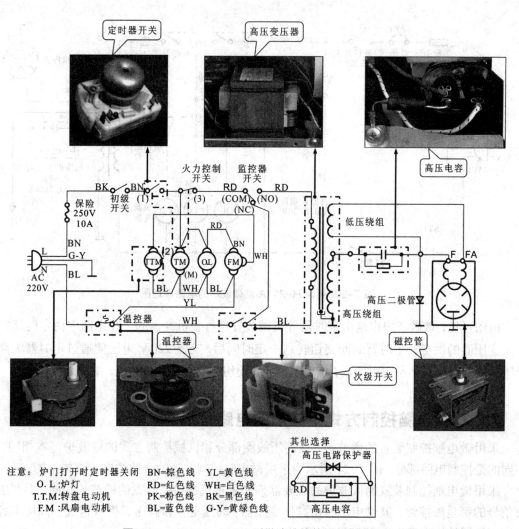

图 7-19 LG MG-4987T 型微波炉的整机工作原理图

压器的二次侧有两个绕组,一个是低压绕组,一个是高压绕组,低压绕组给磁控管的阴极供电,磁控管的阴极相当于电视机显像管的阴极,给磁控管的阴极供电就能使磁控管有一个基本的工作条件。高压绕组线圈的匝数约为一次侧线圈的 10 倍,所以高压绕组的输出电压也大约是输入电压的 10 倍。如果输入电压为 220 V,高压绕组的输出电压约为 2000 V,这个高压是 50 Hz 的,经过高压二极管的整流,将 2000 V 的电压变成 4000 V 的高压。当 220 V 是正半周时,高压二极管导通接地,高压绕组产生的电压就对高压电容进行充电,使其达到 2000 V 左右的电压。当 220 V 是负半周时,高压二极管是反向截止的,此时高压电容上面已经有 2000 V 的电压,高压线圈上又产生了 2000 V 左右的电压,加上电容上的 2000 V 电压大约就是 4000 V 的电压加到磁控管上。磁控管在高压下产生了强功率的电磁波,这种强功率的电磁波就是微波信号。微波信号通过磁控管的发射端发射到微波炉的炉腔里,在炉腔里面的食物受到微波信号的作用实现加热。

2. 夏普 R-211A 型微波炉整机工作过程分析

图 7-20 所示为夏普 R-211A 型微波炉的整机电路。

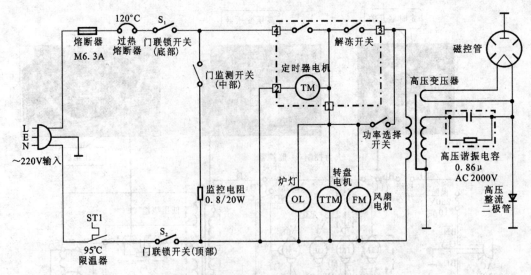

图 7-20 夏普 R-211A 型微波炉的电路原理图

由图可见，该微波炉也是由定时器等机械装置进行整机控制的。在电路中由定时器控制高压变压器的供电。定时器时间旋钮转到一定时间后，交流 220 V 电压便通过定时器为高压变压器供电。当到达预定时间后，定时器回零，便切断交流 220 V 供电，微波炉停机。

7.2.2 微电脑控制方式微波炉的电路分析

采用微电脑控制装置的微波炉，其高压线圈部分和机械控制方式的微波炉基本相同，所不同的是控制电路部分，图 7-21 所示为采用微电脑控制装置的微波炉电路结构框图。

采用微电脑控制装置的微波炉的主要器件和采用机械控制装置的微波炉相同，即产生微波信号的都是磁控管。其供电电路由高压变压器、高压电容和高压二极管构成。高压电容和高压变压器的线圈产生 2450 MHz 的谐振。

从图中可以看出，该微波炉的频率可以调整，即微波炉上有两个挡，当微波炉拨至高频率挡时，继电器的开关就会断开，电容 C2 不起作用。当微波炉拨至低频率挡时，继电器的开关便会接通。继电器的开关一接通，就相当于给高压电容又增加了一个并联电容 C2，谐振电容量增加，频率便有所降低。

该微波炉不仅具有微波功能，还具有烧烤功能。微波炉的烧烤功能主要是通过石英管实现的。在烧烤状态时，石英管产生的热辐射可以对食物进行烧烤加热，这种加热方式与微波不同。在使用烧烤功能时，微波／烧烤切换开关切换至烧烤状态，将微波功能断开。微波炉即可通过石英管加热食物进行烧烤。为了控制烧烤的程度。微波炉中安装有两根石英管。当采用小火力烧烤加热时，石英管切换开关闭合，将下加热管（石英管）短路，即只有上加热管（石英管）工作。当选择大火力烧烤时，石英管切换开关断开，上加热管（石英管）和下加热管（石英管）一起工作对食物加热。

在采用微电脑控制装置的微波炉中，微波炉通过微处理器实现整机控制。微处理器具有自动控制功能，它可以接收人工指令，也可以接收遥控信号。微波炉里的开关、电动机等都是由微处理器发出控制指令进行控制的。

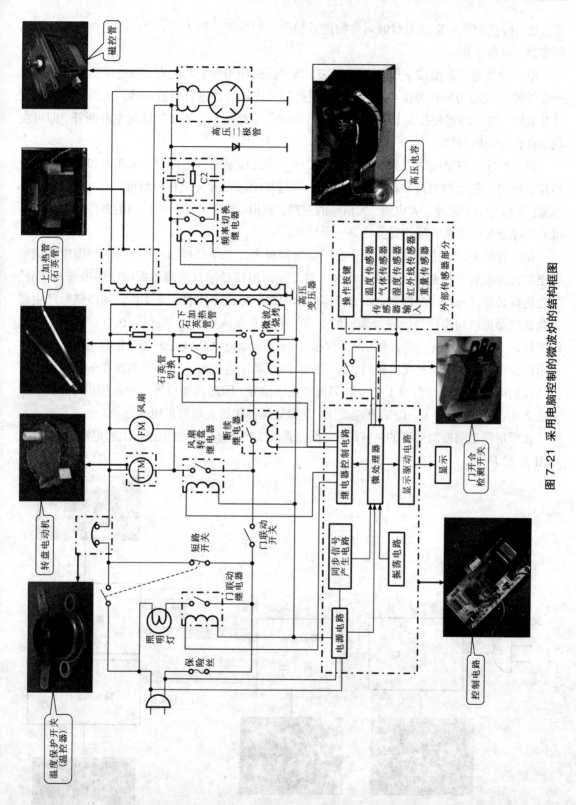

图 7-21 采用电脑控制的微波炉的结构框图

  在工作时，微处理器向继电器发送控制指令即可控制继电器的工作。继电器的控制电路有 5 根线，其中一根控制断续继电器，它用来控制微波火力。如果使用强火力，继电器就一直接通，磁控管便一直发射微波对食物进行加热。如果使用弱火力，继电器便会在微处理器的控制下间断工作。

第二根线是控制微波／烧烤切换开关，当微波炉使用微波功能时，微处理器发送控制指令将微波／烧烤切换开关接至微波状态，磁控管工作对食物进行微波加热。当微波炉使用烧烤功能时，微处理器便控制切换开关将石英管加热电路接通，从而使微波电路断开，即可实现对食物的烧烤加热。

第三根线是控制频率切换继电器从而实现对微波功率的调整控制。第四根和第五根线分别控制风扇／转盘继电器和门联动继电器。通过继电器对开关进行控制可以实现小功率、小电流、小信号对大功率、大电流、大信号的控制。同时，便于将工作电压高的器件与工作电压低的器件分开放置对电路的安全也是一个保证。

在微波炉中，微处理器专门制作在控制电路板上。除微处理器外，相关的外围电路或辅助电路也都安装在控制电路板上。其中，时钟振荡电路是给微处理器提供时钟振荡的部分。微处理器必须有一个同步时钟，微处理器内部的数字电路才能够正常工作。同步信号产生器为微处理器提供同步信号。微处理器的工作一般都在集成电路内部进行；微处理器为了和用户实现人工对话，通常会设置显示驱动电路。显示驱动电路将微波炉各部分的工作状态通过显示面板上的数码管、发光二极管、液晶显示屏等器件显示出来。这些电路在一起构成微波炉的控制电路部分。他们的工作一般都需要低压信号，因此需要设置一个低压供电电路，将交流 220 V 电压变成 5 V、12 V 直流低压，为微处理器和相关电路供电。

在采用微电脑控制装置的微波炉中，低压直流供电电压由控制电路板上的电源部分提供，如图 7-22 所示。

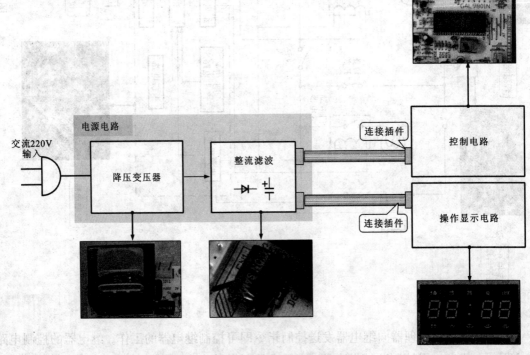

图 7-22 电源电路的流程框图

　　控制电路板上的电源部分主要包括降压变压器、滤波电容以及整流二极管等元件。交流220 V 电压，经降压变压器降压、整流、滤波和稳压后输出低压直流电源，为微波炉的控制电路（微处理器等）、操作显示电路（操作按键、显示屏）等进行供电。

1. 格兰仕 WD900B 型微波炉整机电路原理图分析

　　图 7-23 所示为格兰仕 WD900B 型微波炉的整机电路原理图，可以看到，该电路是以微处理器 IC1（TMP47C400RN）为核心的控制电路。

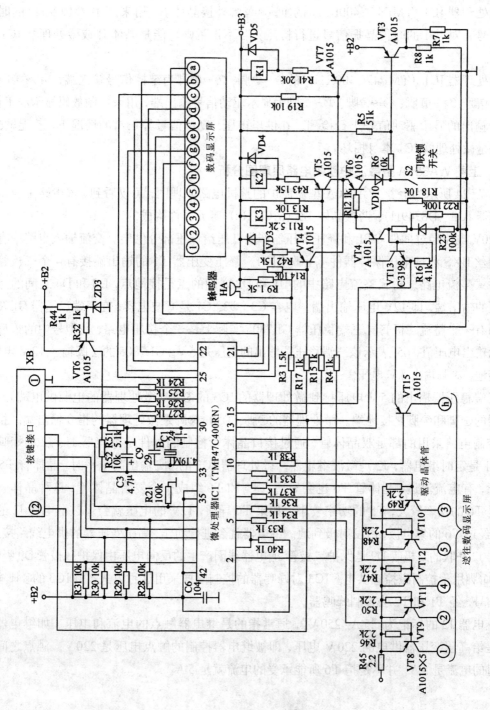

图 7-23　格兰仕 WD900B 型微波炉的控制电路

由电源电路送来的 6V 供电电压送入微处理器 IC1（TMP47C400RN）的㊷脚、㉟脚和㉞脚，为 IC1 提供工作电压。对微处理器 IC1 的供电电压进行检测。若供电电压不正常，则应对供电电路进行检测；若供电电压正常，则应继续检查其复位信号以及晶振信号等是否正常。

微处理器 IC1（TMP47C400RN）的㉝脚为复位信号输入端，外接晶体三极管 VT6 等器件。对 IC1 的复位信号进行检测。若复位信号不正常，则可能是复位电路中的晶体三极管 VT6 等元件损坏；若正常，则应继续检测。

微处理器 IC1（TMP47C400RN）的㉛脚和㉜脚外接晶体 B，用来产生 4.19MHz 的时钟晶振信号。对 IC1 的时钟晶振信号进行检测。若不正常则可能是晶体 B 或微处理器 IC1 本身损坏。

微处理器 IC1（TMP47C400RN）的㉖～㉙脚、㊱～㊴脚为键控信号输入端，用来接收人工指令信号；⑤～⑩脚、⑰～⑳脚、㉒～㉕脚为显示驱动信号输出端，用来控制数码显示屏工作。对 IC1 输出的显示驱动信号进行检测。在供电电压、复位信号等正常的情况下，若无输出，则可能是微处理器 IC1 本身损坏。

2. 上菱 WA650A 型微波炉整机电路原理图分析

图 7-24 所示为上菱 WA650A 型微波炉的整机电路原理图，可以看到，该电路主要是由微处理器 IC3（D8749H）、谐振晶体 JZ（6.0MHz）等元器件构成的。

220V 电压经过插件 CT1 和降压变压器产生低压给低压部分供电。交流输入电路中有一个保险丝 BXS 和过电压保护器件（压敏电阻）。降压变压器 T1 的输出端接有 4 个二极管组成的桥式整流电路。桥式整流电路中的 D1 和 D2 之间的点是接地点，D3 和 D4 之间的点是正电压的输出端，即 12V 电压输出端。电容 C3、C2、C1 是滤波电容，在三端稳压器 GL7805 的前面有一个整流二极管。三端稳压器 GL7805 实际上是一个稳压电路，其型号中的最后两位表示输出电压值，"05"表示该三端稳压器输出的电压是 5V。GL7805 的①脚输入 12V 电压，②脚接地，③脚输出 5V 电压。

三端稳压器输出的 5V 电压接到微处理器的 IC3 的⑤脚（微处理器的电源供电端）。微处理器的①脚和⑦脚是接地端。微处理器的㊱脚、㊲脚、㊳脚是微处理器的指令输出端。指令输出控制电路采用的都是双晶体管，通过接口晶体管控制的器件是继电器 J1、J2 和蜂鸣器 Y1。J1 是定时继电器，J2 是微波继电器。微处理器 IC3 的㊱脚输出高电平时，晶体管 T5 就会导通，有电流流过，晶体管 T6 也会导通。T5 和 T6 组成一个复合晶体管，这种晶体管的特点是 T6 的功率较大，T5 的功率较小。如果 T6 导通，12V 的电压就会通过继电器 J2 的线圈，再经过 T6 的集电极，由发射极到地。继电器就会进行动作，高压变压器的供电线路接通。继电器 J2 并联的二极管 D9 是保护二极管，继电器线圈产生的反向电压由保护二极管 D9 吸收。IC3 的㊲脚用于控制磁控管供电。IC3 对蜂鸣器的控制同样采用这种方式，由 IC3 的㊳脚输出控制信号，经 T1 和 T2 去控制蜂鸣器。

继电器 J2 的标记为"5A/250V"，通常指的是继电器触点的电流和电压。如继电器控制的是给高压变压器供电的 220V 电压，即被继电器控制的触点电压是 220V。触点之间所能流过的电流是 5A，并不是指 T6 所能承受的电流就是 5A。

1N4001 是保护二极管 D9 的型号，它是一个普通的开关二极管，如果没有开关二极管，可以用整流二极管代替。

2ED4059 是显示电路。操作人工指令键或者微处理器控制微波炉进入工作状态时，显示屏上会显示出相应的数字、符号。显示屏的显示也是通过微处理器、晶体管接口进行控制的。显示电路的驱动经过接口电路 IC2（MCT1413P），然后再去驱动显示屏。耦合电阻 R29 ~ R35 的阻值都是 75 Ω，IC2 的⑨脚是 5 V 供电端（也是由控制板上的直流供电电压提供的），⑧脚是接地端。人工操作指令通过 CT3 连接插件送给微处理（CPU）。

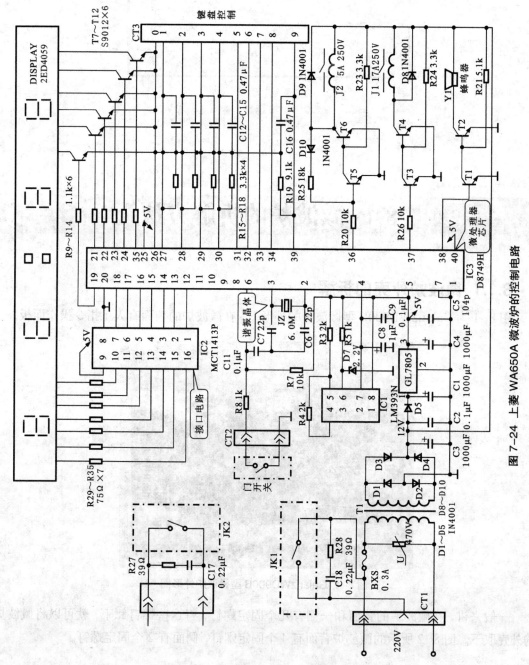

图 7-24 上菱 WA650A 微波炉的控制电路

第 8 章

微波炉的拆解和检修方法

8.1 微波炉的拆解方法

8.1.1 微波炉外壳的拆解

图 8-1 为 GalanzWD900B 型微波炉的外形图，在微波炉的前面有人工指令操作面板。

图 8-1 GalanzWD900B 型微波炉外形图

一般来讲，在微波炉的背面和一侧有几个固定螺钉，将这些螺钉卸下，就可以将微波炉的外壳取下。图 8-2 所示的微波炉背面有 4 个固定螺钉，侧面有 2 个固定螺钉。

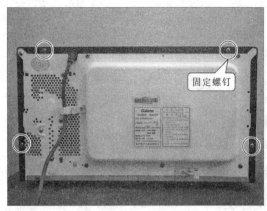

图 8-2 微波炉外壳的固定螺钉

卸下固定螺钉后，便可以将微波炉的外壳打开，如图 8-3 所示。

在微波炉外壳覆盖的一侧是固定门的两个螺钉，如图 8-4 所示。

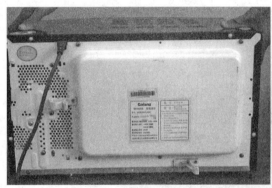

图 8-3 取下微波炉的外壳　　　　　　　图 8-4 固定门的螺钉

拧下门固定螺钉后就可以将微波炉的门取下，如图 8-5 所示。

图 8-6 所示为取下后的微波炉门。微波炉的门带有一定的微波屏蔽作用，在门的内部有

图 8-5 取下微波炉的门　　　　　　　图 8-6 微波炉的门

一些金属网罩,具有防辐射的作用。

微波炉的电源线由 3 根引线组成,一根连接温度保护开关,一根连接熔丝,另一根作为地线固定在微波炉外壳上。将这 3 处的引线分别取下,就可以将电源线拆除,如图 8-7 所示。

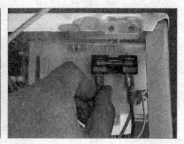

图 8-7 拆除微波炉电源线

8.1.2 微波炉石英管的拆卸

在微波炉的上方有一个石英管保护盖,这个保护盖由两个固定螺钉和两个卡扣固定,如图 8-8 所示。

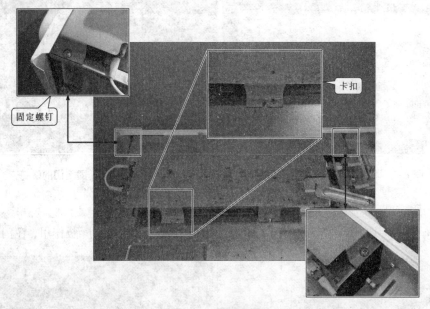

图 8-8 石英管保护盖

用旋具将固定保护盖的固定螺钉拧下,打开卡扣后就可以将保护盖取下,如图 8-9 所示。

图 8-9 拧下石英管保护盖的固定螺钉

将石英管连接线取下，如图 8-10 所示。

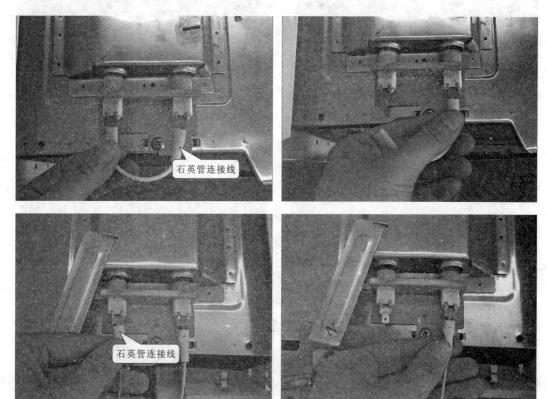

图 8-10 取下石英管连接线

在石英管两侧分别有一个固定石英管的支架，并由螺钉固定。用旋具将固定支架的螺钉拧下，如图 8-11 所示。

图 8-11 拧下石英管固定支架的螺钉

此时就可以将两个石英管从微波炉上取下来，如图 8-12 所示。

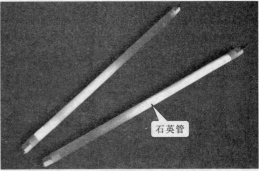

石英管

石英管

图 8-12 取下石英管

8.1.3 微波炉风扇组件的拆卸

将连接风扇电动机的两条引线取下，如图 8-13 所示。

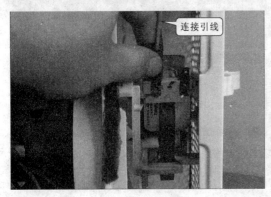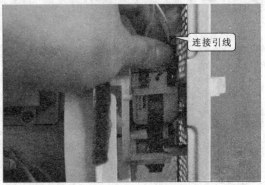

连接引线

连接引线

图 8-13 取下风扇电动机连接引线

微波炉风扇组件的上面是熔丝，将与熔丝连接的引线取下，如图 8-14 所示。

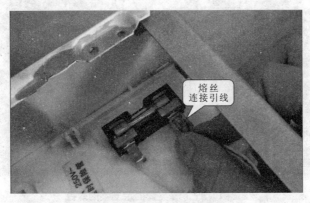

熔丝
连接引线

图 8-14 取下熔丝连接引线

微波炉风扇组件的下面是高压电容和高压二极管。高压二极管的一端（正端）与高压电容相连，另一端（负端）与微波炉外壳相连，起到接地的作用。从电路结构来说，高压二极管的负端与磁控管的阳极相连，这是因为磁控管的阳极与外壳相连。用旋具将高压二极管与外壳之间的固定螺钉拧下后，即可将高压二极管从高压电容上取下，如图 8-15 所示。

图 8-15 取下高压二极管

高压电容有两条引线连接，将引线从高压电容上取下，如图 8-16 所示。

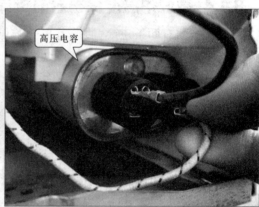

图 8-16 取下高压电容引线

风扇组件由 4 个螺钉固定在微波炉后的挡板上。用旋具将固定风扇的螺钉拧下，即可将风扇组件取下，如图 8-17 所示。

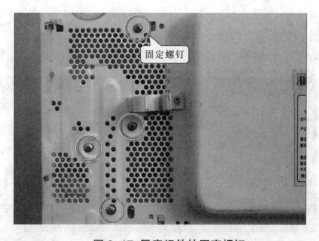

图 8-17 风扇组件的固定螺钉

在风扇组件的下面是高压电容，由卡圈固定，如图 8-18 所示。

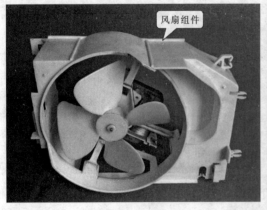

图 8-18 风扇组件及高压电容

8.1.4 微波炉温度保护器的拆卸

温度保护器有两条连接引线，其中一条与电源线相连，在前面已经被取下来了，现在将另一条连接引线取下，如图 8-19 所示。

图 8-19 取下温度保护器的连接引线

由此可见，温度保护器串接在交流 220 V 输入电路中，温度超过额定值时，温度保护器自动断开，这样就切断了交流输入电源，从而起到保护作用。

温度保护器固定在一个支架上，该支架由 1 个固定螺钉固定，如图 8-20 所示。

图 8-20 温度保护器支架的固定螺钉

用旋具将支架的固定螺钉拧下，如图 8-21 所示。

从微波炉上取下的温度保护器，如图 8-22 所示。

图 8-21 拧下温度保护器支架的固定螺钉　　图 8-22 温度保护器及其支架

8.1.5 微波炉照明灯的拆卸

微波炉内的照明灯连接有两条引线，并由一个固定螺钉固定照明灯外壳，如图 8-23 所示。

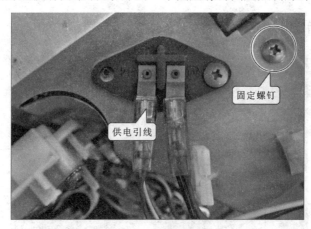

图 8-23 照明灯供电引线及固定螺钉

将照明灯的供电引线取下，如图 8-24 所示。

图 8-24 取下照明灯供电引线

　　用旋具将固定照明灯外壳的螺钉拧下，如图8-25所示。

　　由于照明灯固定在磁控管上，只有将磁控管取下后，才能将照明灯外壳取下。如图8-26所示，先将磁控管供电引线取下。

图 8-25　拧下照明灯外壳固定螺钉

图 8-26　取下磁控管供电引线

　　磁控管由4个固定螺钉固定在微波炉上，如图8-27所示。

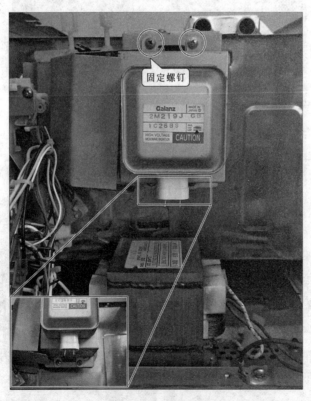
图 8-27　磁控管固定螺钉

用旋具将磁控管的固定螺钉拧下，如图8−28所示。

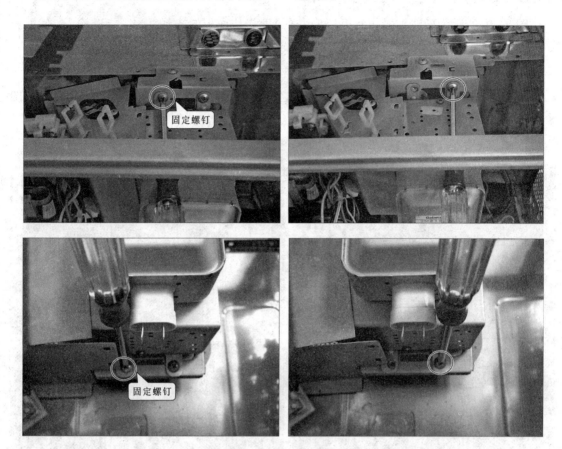

图8−28　拧下磁控管固定螺钉

图8−29所示为微波炉的磁控管和照明灯外壳。

图8−29　磁控管和照明灯外壳

8.1.6 微波炉操作面板的拆卸

图 8-30 所示为微波炉操作面板,可以通过对操作面板的控制将人工指令输入,使微波炉工作。

图 8-31 所示为微波炉操作面板的电路结构,由引线将各部分连接在一起。

拆卸时,先将操作电路板与微波炉外壳之间的连接地线的固定螺钉用旋具拧下,如图 8-32 所示。

图 8-30 微波炉操作面板

图 8-31 微波炉操作面板电路结构及连接引线

图 8-32 拧下操作面板地线固定螺钉

再将与操作电路板各部件相连的引线取下，首先取下2个插件，如图8-33所示。

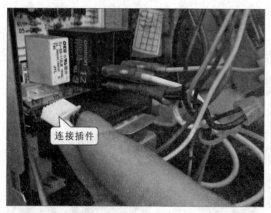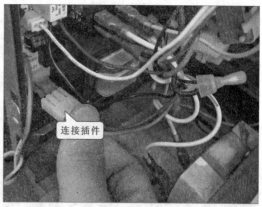

图8-33 取下连接插件

然后取下4个与继电器相连的引线，如图8-34所示。

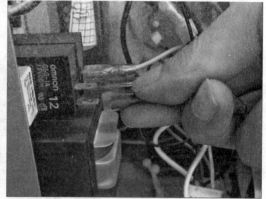

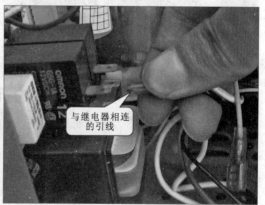

图8-34 取下与继电器相连的引线

接着取下 2 个与微动开关相连的引线，如图 8-35 所示。标记好各引线的插接位置，以便检修后重新安装时不会装错。

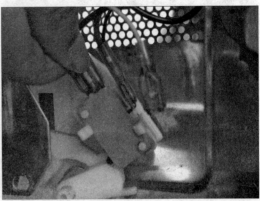

与微动开关相连的引线

图 8-35 取下与微动开关相连的引线

最后用旋具将操作面板与微波炉之间的固定螺钉拧下，之后就可以将操作面板从微波炉上取下来了，如图 8-36 所示。

旋具

图 8-36 取下操作面板

8.1.7 微波炉微动开关组件的拆卸

图 8-37 所示为微波炉的微动开关组件，该组件上有 3 个微动开关。

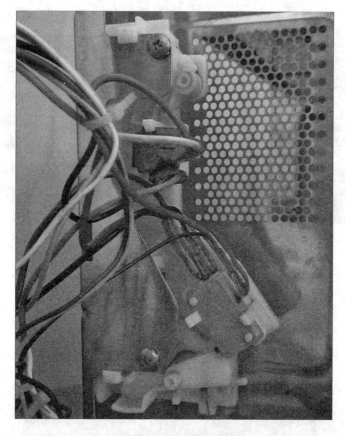

图 8-37 微波炉微动开关组件

将与微动开关连接的引线取下，如图 8-38 所示。

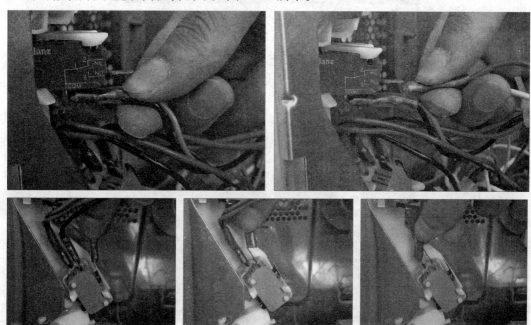

图 8-38 取下微动开关连接引线

如图 8-39 所示,用旋具将固定微动开关组件的两个固定螺钉拧下。

图 8-39 拧下微动开关组件的固定螺钉

图 8-40 所示为从微波炉上取下来的微动开关组件。

图 8-40 取下的微动开关组件

8.1.8 微波炉托盘电动机的拆卸

在微波炉上有一条加固横梁,它由两个固定螺钉紧固在微波炉上。用旋具将这两个固定螺钉拧下,如图 8-41 所示。

图 8-41 拧下加固横梁的固定螺钉

将与高压变压器相连的引线取下，如图8-42所示。

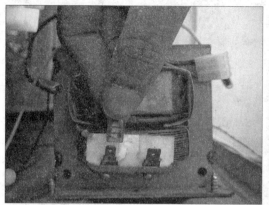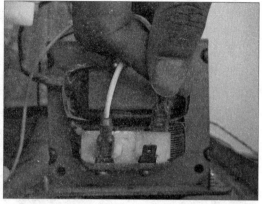

图8-42 取下高压变压器的连接引线

在微波炉的背面有6个固定螺钉，其中2个在上面，4个在下面，如图8-43所示。

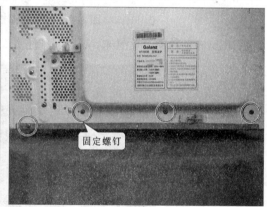

图8-43 微波炉背面的固定螺钉

用旋具将背面板的固定螺钉取下，如图8-44所示。

图8-44 取下背面板的固定螺钉

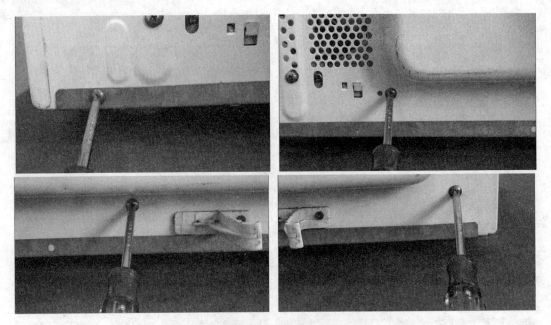

图 8-44 取下背面板的固定螺钉（续）

将微波炉底部朝上反过来，可以看到还有 5 个固定螺钉用于固定背面板，如图 8-45 所示。

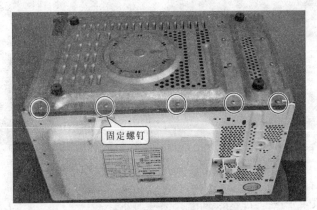

图 8-45 背面板的底部固定螺钉

用旋具将背面板底部的固定螺钉取下，如图 8-46 所示。

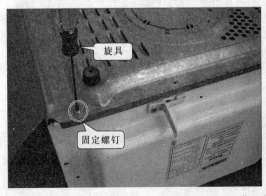

图 8-46 取下背面板底部的固定螺钉

图 8-46　取下背面板底部的固定螺钉（续）

在底部的另一侧还有 5 个固定螺钉，用于固定微波炉底板，如图 8-47 所示。

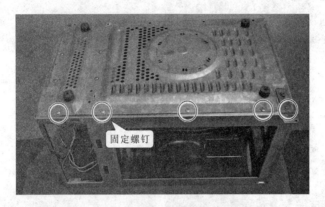

固定螺钉

图 8-47　微波炉底板固定螺钉

用旋具将底板的固定螺钉取下，如图 8-48 所示。

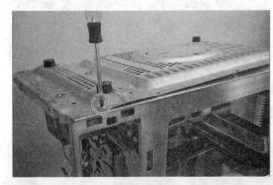

固定螺钉

固定螺钉

图 8-48　取下底板固定螺钉

将底部拿开后就可以看到微波炉托盘电动机，如图 8-49 所示。

图 8-49 微波炉托盘电动机

将连接托盘电动机的两条引线取下，如图 8-50 所示。

图 8-50 取下托盘电机连接引线

托盘电动机由两个固定螺钉固定在微波炉底部，如图 8-51 所示。

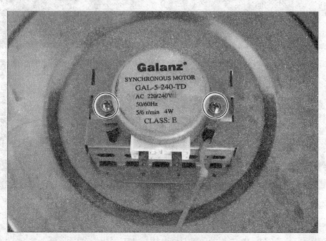

图 8-51 托盘电动机固定螺钉

用旋具将托盘电动机的固定螺钉拧下，如图 8-52 所示。

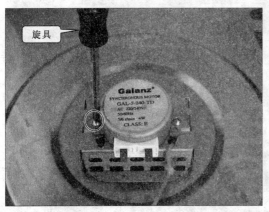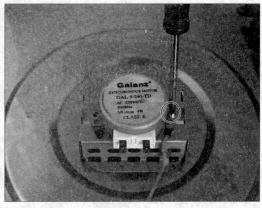

图 8-52　拧下托盘电动机固定螺钉

此时微波炉各部件已取下，只剩下微波炉炉腔，如图 8-53 所示。

图 8-53　微波炉炉腔

8.2　微波炉的检修方法

图 8-54 所示为微波炉检修中的主要检测部位。

检测微波发射装置，重点检测磁控管、高压变压器、高压二极管、高压电容器；检测烧烤装置，重点检测石英管好坏；检测转盘装置，重点检测转盘电动机好坏；检测保护装置，重点检测熔断器、温度保护器、门开关组件；检测照明和散热装置，重点检测照明灯和散热风扇电动机；检测控制装置，根据类型不同检测重点不同。

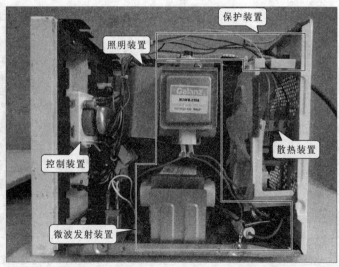

图 8-54 微波炉检修中的主要检测部位

8.2.1 微波发射装置的检修方法

微波发射装置是微波炉故障率最高的部位，其内部的磁控管、高压变压器、高压电容和高压二极管由于长期受到高电压、大电流的冲击，较容易出现异常情况，下面分别介绍其检查方法。

（1）磁控管的检测方法

磁控管是微波发射装置的主要器件，它通过微波天线将电能转换成微波能，辐射到炉腔中，来对食物进行加热。当磁控管出现故障时，微波炉会出现转盘转动正常，但微波食物不热的故障。

对磁控管进行检测，一般可在断电状态下，借助万用表检测磁控管灯丝端的阻值，来判断磁控管是否损坏。

检测时，首先将万用表挡位旋钮调至"×1"欧姆挡；然后将万用表的红黑表笔搭在磁控管灯丝引脚上，检测灯丝的阻值；正常情况下，磁控管内灯丝的阻值在 1 Ω 左右，如图 8-55 所示。

图 8-55 典型微波炉中磁控管的检测方法

【信息扩展】

对磁控管进行检测时，也可在通电状态下检测磁控管输出波形的方法判断是否正常。首先将微波炉进行通电，使用示波器探头靠近磁控管的灯丝端，感应磁控管的振荡信号，正常情况下，可测的磁控管信号波形，如图8-56所示。

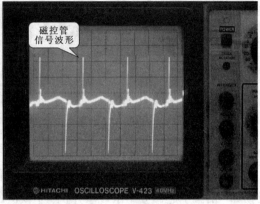

图8-56　检测磁控管的输出波形

（2）高压变压器的检测方法

高压变压器是微波发射装置的辅助器件，也称作高压稳定变压器。在微波炉中主要用来为磁控管提供高压电压和灯丝电压的。当高压变压器损坏，将引起微波炉出现不微波的故障。

在对高压变压器进行检测时，可在断电状态下，通过检测高压变压器各绕组之间的阻值，来判断高压变压器是否损坏。

检测时首先需要根据待测高压变压器与其他部件的连接关系，确定各绕组端子的功能；然后将万用表量程旋钮调至"×1"欧姆挡；接着将万用表的红黑表笔分别搭在高压变压器的电源输入端，正常情况下测得电源输入端（一次绕组）的阻值约为1.1Ω；若实测绕组阻值为0或无穷大，则说明绕组线圈出现短路或短路情况，再采用同样的方法分别检测高压绕组、灯丝绕组的阻值，正常情况下分别约为0.1Ω、100Ω，如图8-57所示。

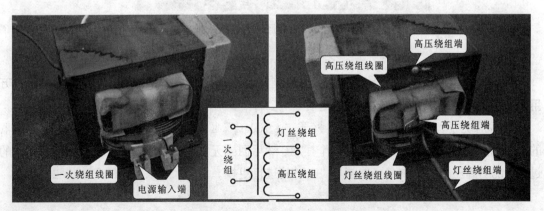

图8-57　典型微波炉中高压变压器的检测方法

图 8-57　典型微波炉中高压变压器的检测方法（续）

（3）高压电容器的检测方法

高压电容器是微波炉中微波发射装置的辅助器件，主要起滤波作用。若高压电容器变质或损坏，常会引起微波炉出现不开机、不微波的故障。

对高压电容器进行检测时，可用数字万用表检测其电容量的方法判断好坏。

检测时，首先将万用表功能旋钮置于电容测量挡位；然后万用表的两支表笔分别搭在电容器接线端子上，对高压电容的电容量进行检测；正常情况下测得高压电容器电容量为 $1.097\,\mu F$，接近标称值，电容器正常，如图 8-58 所示。

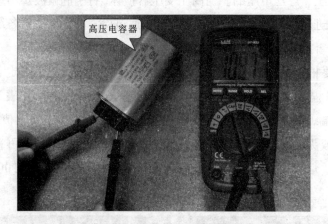

图 8-58　典型微波炉中高压电容器的检测方法

【信息扩展】

除了通过检测高压电容器电容量的方法判断高压电容器是否正常外，还可使用指针式万用表检测高压电容器的充、放电过程是否正常。

正常情况下，将万用表的量程调整至"×10kΩ"欧姆挡，两表笔分别搭在高压电容器的两个引脚端，万用表的指针应有一个摆动，然后回到无穷大的位置，如果没有该充、放电的过程，说明高压电容器本身可能损坏，应对其进行更换。

（4）高压二极管的检测方法

高压二极管是微波炉中微波发射装置的整流器件，该二极管接在高压变压器的高压绕组输出端，对交流输出进行整流。

检测高压二极管时，可用万用表检测其正反向阻值的方法判断好坏。

检测时首先需要将万用表量程旋钮调至"×10 k"欧姆挡，然后将红表笔搭在高压二极管的负极，黑表笔搭在高压二极管的正极。正常情况下，高压二极管的正向阻值应为一个固定值；接着调换表笔，检测高压二极管的反向阻值，正常情况下应为无穷大。若实际测得高压二极管反向阻值较小，表明高压整流二极管可能被击穿损坏，如图8-59所示。

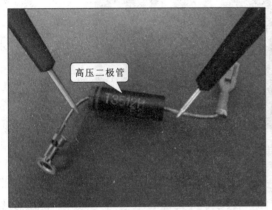

图8-59 典型微波炉中高压二极管的检测方法

8.2.2 烧烤装置的检修方法

微波炉的烧烤装置中，石英管是该装置核心部件。若石英管损坏将引起微波炉烧烤功能失常的故障。

对石英管进行检测时，应先检查石英管连接线是否出现松动、断裂、烧焦或接触不良等现象，然后再借助万用表对石英管阻值进行检测来判断好坏。

首先检查石英管连接线是否有松动现象。若有松动，重新将其插接好。然后检查石英管连接线有无断线情况，即将万用表搭在连接线的两端。正常情况下，连接线为导通状态，万用表检测其阻值应为0 Ω，如图8-60所示。

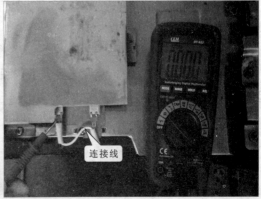

图8-60 石英管阻值的检测方法

微波炉石英管串联连接,使用万用表检测两个石英管串联后的阻值,正常情况下可检测到为 47.5 Ω 左右,若检测到无穷大,说明有石英管损坏,如图 8-61 所示。

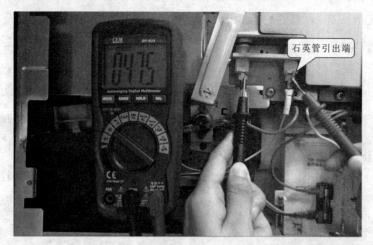

石英管引出端

图 8-61 两个石英管串联后阻值的检测方法

对单个石英管进行检测时,首先将一个石英管两端的连接线均拔下,用万用表检测一根石英管两端的阻值,正常情况下为 24.2 Ω 左右。若测得石英管的阻值为无穷大,说明该石英管内部已断路损坏,如图 8-62 所示。

图 8-62 单个石英管阻值的检测方法

8.2.3 转盘装置的检修方法

微波炉的转盘装置中,转盘电动机是该装置的核心部件。当转盘电动机损坏,经常会引起微波炉出现加热不均匀的故障。

对转盘电动机检测时,可在断电情况下,通过万用表检测转盘电动机绕组阻值的方法,来判断转盘电动机好坏。

检测时,首先将万用表量程旋钮调至"×1k"欧姆挡,然后将万用表的红黑表笔分别搭在转盘电动机的两引脚端。正常情况下,可测得转盘电动机绕组有一个固定值(6.5 kΩ),若测得转盘电动机两端的阻值与正常值偏差较大,则说明转盘电动机已损坏,如图 8-63 所示。

图 8-63 典型微波炉转盘装置中转盘电动机的检测方法

8.2.4 保护装置的检修方法

保护装置是微波炉中的重要组成部分，其内部的熔断器、温度保护器及门开关组件都在整机中起到重要的保护作用。若这些保护器件出现异常，将造成微波炉自动保护功能失常，一旦出现故障，故障范围或严重程度都相对较大。

因此，当微波炉出现"破坏性"故障时，除了对损坏的部件进行检查外，还要查找无法自动保护的原因，对保护装置进行检测。

（1）熔断器的检测方法

熔断器是用于对微波炉进行过电流、过载保护的重要器件，当微波炉中的电流有过电流、过载的情况时，熔断器会烧断，起到保护电路的作用，从而实现对整个微波炉的保护。若熔断器损坏，常会引起微波炉出现不开机的故障。

检测熔断器时，可首先观察熔断器外观有无明显烧焦损坏情况。若外观正常，可使用万用表在断电状态下检测熔断器的阻值，便可判断出熔断器的好坏。正常情况下，熔断器阻值为无穷大，否则说明熔断器已损坏应更换。

（2）温度保护器的检测方法

温度保护器可对磁控管的温度进行保护控制。当磁控管的温度过高时，便断开电路，使微波炉停机保护。若温度保护器损坏，常会引起微波炉出现不开机的故障。

对温度保护器进行检测时，可在断电状态下，借助万用表检测温度保护器的阻值来判断好坏。

首先将万用表量程旋钮调至"×1"欧姆挡；然后将万用表的红黑表笔分别搭在温度保护器的两引脚端；正常情况下，在常温状态测得温度保护器的阻值为 $0\ \Omega$；通过电烙铁高温头靠近温度保护器感温面时，其内部金属片断开，阻值应为无穷大；若温度保护器在感测温度发生变化时，阻值没有任何变化，则多为已失去过热保护功能，如图 8-64 所示。

（3）门开关组件的检测方法

门开关组件是微波炉保护装置中重要的器件之一。若门开关损坏时，常会引起微波炉出

图 8-64 温度保护器的检测方法

现不微波的故障。

检测门开关组件时，可在关门和开门两种状态下，借助万用表检测门开关组件的通断状态，来判断门开关组件的好坏。

首先将万用表量程旋钮调至"×1"欧姆挡；然后将万用表的红黑表笔分别搭在门开关组件的公共端和两个引脚端；门开关组件的公共端与引脚端关系：在接通状态下的阻值应为0 Ω，在断开状态下的阻值应为无穷大。门开关组件接通和断开状态下，只可检测出 0 Ω 或无穷大两种情况，若检测出其他阻值，则表明门开关组件出现故障，如图 8-65 所示。

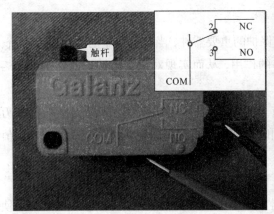

图 8-65 门开关组件的检测方法

8.2.5 照明和散热装置的检修方法

微波炉的照明装置中，照明灯和散热风扇电动机是主要的检测部件。若这些部件不良多会引起微波炉照明灯不亮、散热不良故障，一般可用万用表对这两个主要部件进行检测。

检测时将万用表红表笔搭在照明灯泡的螺口处，黑表笔搭在照明灯泡底部，检测内部灯丝阻值；正常情况下，万用表可以检测到一定的阻值；若实测无穷大，则说明内部灯丝已烧断。将万用表的红黑表笔分别搭在散热风扇电动机的两引脚端，测其内部绕组阻值；正常情况下，散热风扇电动机绕组应有一个固定阻值（一般为 200 Ω 左右）；若测得风扇电动机两端的阻值与正常值偏差较大，则说明风扇电动机已损坏，如图 8-66 所示。

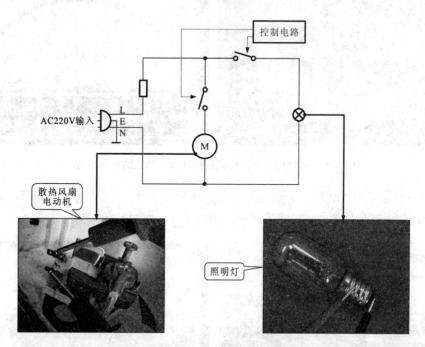

图 8-66 典型微波炉照明和散热装置中照明灯和散热风扇电动机的检测方法

8.2.6 控制装置的检修方法

根据前述结构内容介绍可知，目前微波炉中的控制装置具有机械控制装置和微电脑控制装置两种，这两种控制装置的结构不同，控制原理也不同，下面分别介绍检修方法。

（1）机械控制装置的检测方法

机械控制装置是机械控制式微波炉中的控制部分。当出现控制功能失常时，可重点对其内部的定时器组件和火力控制组件进行检修。

1）定时器组件的检测方法。在定时器组件中，同步电动机较易出现异常情况。若同步电动机异常，将引起微波炉无法定时或定时失常的故障。

检测同步电动机时，一般可使用万用表检测两引脚间阻值的方法判断好坏。

检测时，先将万用表量程旋钮调至"×1k"欧姆挡；然后将万用表的红黑表笔分别搭在同步电动机的两引脚上；正常情况下，可以检测到 15 kΩ ～ 20 kΩ 的阻值，如图 8-67 所示。

2）火力控制组件的检测方法。在火力控制组件中，微动开关的状态决定火力控制功能的实现。若微动开关异常，将引起微波炉火力控制功能失常的故障。

检测火力控制组件中的微动开关时，一般可使用万用表检测其引脚间通断状态判断好坏。

检测时，先将万用表量程旋钮调至"×1"欧姆挡；然后将万用表的红黑表笔分别搭在微动开关的公共端和两个引脚端；微动开关的公共端与引脚端在接通状态下的阻值应为 0 Ω，

图 8-67 典型微波炉控制装置中同步电动机的检测方法

在断开状态下的阻值应为无穷大。微动开关接通和断开状态下，只可检测出 0 Ω 或无穷大两种情况，若检测出其他阻值，则表明微动开关出现故障，如图 8-68 所示。

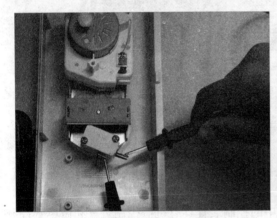
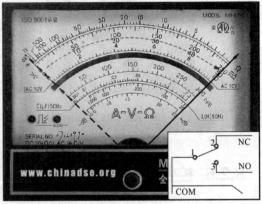

图 8-68 典型微波炉控制装置中微动开关的检测方法

【信息扩展】

在对机械控制装置检修中，除了对同步电动机、火力控制组件开关进行检测外，还应该将控制装置拆开，查看内部的触点、齿轮组是否良好；将控制装置的定时器齿轮组盒打开，注意内部齿轮及传动杆的放置位置；然后查看传动齿轮、传动杆是否良好；最后查看内部的触片是否良好，如图 8-69 所示。

（2）微电脑控制装置的检测方法

采用微电脑控制装置的微波炉中，电路板中包括电源供电、控制、操作和显示几部分。若该部分出现故障，常会引起通电后，微波炉无反应、按键失灵、蜂鸣器无声、数码显示管无显示等现象。对电脑控制方式微波炉电路进行检修时，可依据具体故障表现分析出产生故障的原因，并根据电路的控制关系，对可能产生故障的相关部件逐一进行排查。

1）电源部分输出电压的检测方法。当微波炉的电源电路出现故障，在确保 220 V 供电正常的情况下，应先对输出的低压直流电压进行检测。

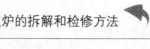

图 8-69 机械控制装置内部齿轮的检查

若检测电源电路输出的低压直流电压正常，则说明电源电路正常；若检测的低压直流电压不正常，则说明前级电路可能出现故障，需要进行下一步的检修。

首先将万用表挡位旋钮调整至"直流 10 V"电压挡，然后将万用表的黑表笔搭在电源供电电路板的接地端，红表笔搭在 5 V 直流低压输出端。正常情况下，可检测到 +5 V 的直流低压，如图 8-70 所示。

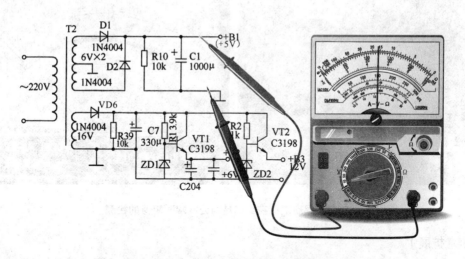

图 8-70 低压直流电压的检测方法

2）控制部分编码器的检测方法。编码器在微波炉控制电路中用于时间调节，也就是微波炉的时间调节旋钮。通过旋转编码器的转柄，将预定时间转换成控制编码信号，送入微处理器中进行记忆和控制。若编码器损坏，微波炉将不能进行时间设定。

对编码器进行检测时，可在断电情况下，转动编码器转柄，通过借助万用表检测编码器的阻值变化，来判断编码器是否损坏。

首先将万用表量程旋钮调至"×1k"欧姆挡，再将万用表的红表笔搭在编码器的公共端，黑表笔分别搭在编码器的 A、B 任意一端。正常情况下，在旋转转柄过程中，可以检测出 $0.5\,k\Omega$

和 10 kΩ 左右的两个阻值，如图 8-71 所示。

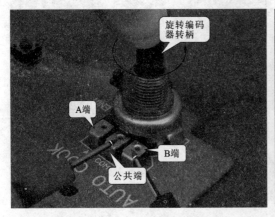

图 8-71 红表笔搭在编码器的公共端时阻值的检测

接着将万用表的黑表笔搭在编码器的公共端，红表笔分别搭在编码器的 A、B 任意一端。正常情况下，在旋转转柄过程中，可以检测出 55 kΩ、100 kΩ 和 0.5 kΩ 左右的三个阻值。若检测出编码器的阻值与实际阻值偏差较大，则说明编码器可能损坏，如图 8-72 所示。

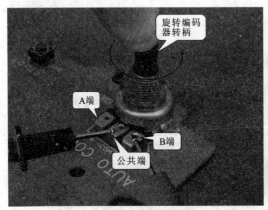

图 8-72 黑表笔搭在编码器的公共端时阻值的检测

【信息扩展】

在微电脑控制装置中，微处理器芯片、晶体、复位电路也都是重要的组成部分，可借助万用表或示波器进行检测。例如，对于微处理器芯片，可通过检测其工作条件和输出信号的方法判断好坏。若供电、时钟、复位三大基本条件满足时，无控制信号输出，则多为微处理器芯片损坏，具体方法和步骤不再一一列举。

3）操作和显示部分操作按键的检测方法。在微波炉操作和显示部分中，操作按键损坏经常会引起微波炉控制失灵的故障。检修时，可通过万用表检测操作按键的通断情况，来判断操作按键是否损坏。

首先将万用表的红黑表笔分别搭在操作按键的两个引脚端；按下操作按键时，检测操作按键两引脚间的阻值，正常时阻值为 0 Ω；松开操作按键时，检测操作按键两引脚间的阻值，正常时阻值为"0 L"（即无穷大），如图 8-73 所示。

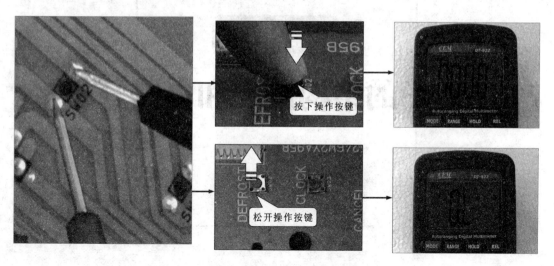

图 8-73 典型微波炉中编码器的检测方法

第 9 章

电磁炉的结构原理和电路分析

9.1 电磁炉的结构组成和工作原理

9.1.1 电磁炉的结构组成

1. 电磁炉的外部结构

图 9-1 为典型电磁炉的外形结构图。

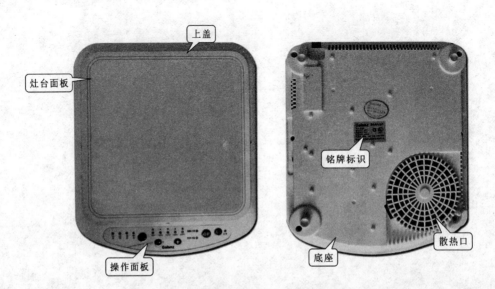

图 9-1 典型电磁炉的外形结构图

（1）灶台面板

电磁炉的灶台面板多采用高强度、耐冲击、耐高温的陶瓷或石英微晶材料制成，其特点是在加热状态下热膨胀系数小，可径向传热，耐高温。从外形上看，电磁炉灶台面板多为圆形和方形两种，具体效果如图9-2所示。

电磁炉灶台面板主要有印花板、白板和黑板，具体效果如图9-3所示。

图9-2 圆形灶台面板和方形灶台面板

图9-3 印花板、白板和黑板

通常，印花板和白板多为陶瓷板，这种材质的耐热性能好，导热能力强且坚固耐用。采用微晶技术制造的灶台面板多以黑色为主，微晶板与陶瓷板相比，导热能力更强，耐热性能更好，更加坚固，能抵抗尖锐器具的机械冲击，而且不易发黄或褪色，但其成本也比陶瓷板高。

（2）操作面板

图9-4所示为典型电磁炉的操作面板。在操作面板上一般都设有开关按键、温度调节设置按键以及显示屏和其他功能控制键。

用户可以通过这些按键来实现对电磁炉工作的控制。操作面板上的显示屏可以显示出电磁炉的工作状态（值得注意的是，显示屏一般只在中、高档电磁炉中可以看到，低档的电磁炉无显示屏）。通常，显示屏可以分为荧光彩色显示方式、液晶显示方式和数码显示方式三种。除了可以显示工作状态外，显示屏在电磁炉发生故障时可作为故障代码的显示窗口，提示用户当前电磁炉可能出现的故障原因，以便于进一步检查。

图 9-4 典型电磁炉的操作面板

此外，为了适应人们生活的需要，很多电磁炉都增添了许多人性化设计，如定时关机、烹调模式设置等，如图 9-5 所示，用户可以很方便地设置电磁炉的工作状态。

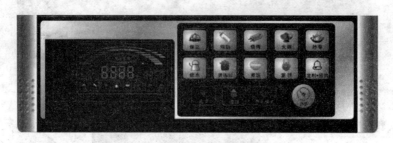

图 9-5 带有人性化设置的操作面板

（3）散热口

将电磁炉翻转过来，在电磁炉的背部有一块栅格式区域，从这里可以看到电磁炉内的风扇散热组件，如图 9-6 所示。在工作时，电磁炉内的热量可以在散热风扇的作用下由散热口及时排出，以利于电磁炉正常工作。

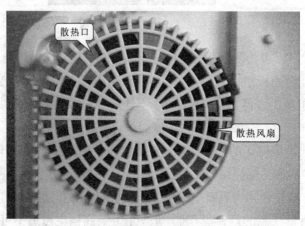

图 9-6 电磁炉的散热口

（4）铭牌标识

电磁炉的铭牌清楚地标识出了电磁炉的品牌、型号、功率、产地等产品信息。图 9-7 所示为电磁炉的型号标识方法。

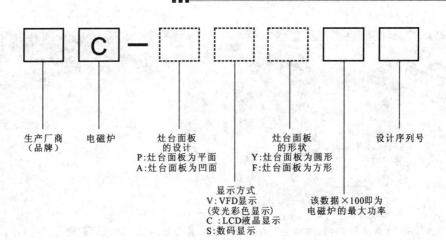

生产厂商
（品牌）

电磁炉

灶台面板
的设计
P:灶台面板为平面
A:灶台面板为凹面

灶台面板
的形状
Y:灶台面板为圆形
F:灶台面板为方形

设计序列号

显示方式
V:VFD显示
（荧光彩色显示）
C ：LCD液晶显示
S:数码显示

该数据×100即为
电磁炉的最大功率

图9-7 电磁炉的型号标识方法

例如，从图9-8所示的铭牌标识上可以看出，该电磁炉的品牌为 Galanz 微电脑电磁炉，它的型号标识为 C16A。其中，"C"是电磁炉的代号;"16"乘以100就是这台电磁炉的最大功率，即 1600 W ;"A"则为该电磁炉的设计序列号。又如，某美的电磁炉的型号为 MC-PF16a，其中，"P"表示该电磁炉的灶台面板为平面，"F"表示灶台面板的形状为方形，"16"表示该电磁炉的最大功率为 1600 W。

图9-8 电磁炉的铭牌标识

2. 电磁炉的内部结构

图9-9是某电磁炉的内部结构图。可以看到,它主要由炉盘线圈（又称线圈盘）、门控管、供电电路板、检测控制电路板、操作显示电路板和风扇散热组件等几部分构成。

（1）炉盘线圈

炉盘线圈一般由多股漆包线（近20股，直径为 0.31 mm）拧合后盘绕而成。在炉盘线圈的背部（底部）粘有 4 ~ 6 个铁氧体扁磁棒，如图9-10所示。在工作时炉盘线圈所产生的磁场会对下方电路造成影响，线圈底部的铁氧体扁磁棒的作用就是减小磁场对电路的影响。

（2）门控管（IGBT）

门控管又称绝缘栅双极晶体管。它克服了 MOSFET 功率管在高压、大电流条件下导

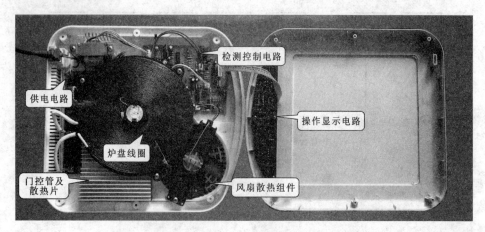

图 9-9 电磁炉的内部结构图

通电阻大、输出功率小、发热严重的缺陷，具有电流密度大、导通电阻小、开关速度快等优点。

图 9-10 炉盘线圈底部的铁氧体扁磁棒

　　门控管的功能是控制炉盘线圈的电流，即在高频脉冲信号的驱动下使流过炉盘线圈的电流变成高速开关电流，并使炉盘线圈与并联电容形成高压谐振，其幅度高达上千伏，所以在门控管上都安装有较大的散热片以利于门控管更好地散热。

　　（3）供电电路

　　图 9-11 所示是电磁炉的供电电路。电磁炉都是由交流 220V 市电提供电能的。炉盘线圈需要的功率较大，220V 交流电压直接经桥式整流电路（又称桥式整流堆）变成 300V 直流电压，再经门控管、炉盘线圈及谐振电容形成高频高压的脉冲电流，通过线圈的磁场与铁质灶具的作用转换成热能。在交流输入电路中还设有滤波电路，防止外界的干扰。

图 9-11 供电电路板

在电磁炉中还设有温度、电压和电流检测电路以及脉冲信号产生电路、操作显示电路等，这些电路都需要低压直流供电电压（+5V、+12V、+8V）。因此，还需要一个提供低压直流电压的电源电路，通常是由变压器降压，再整流、滤波、稳压后形成所需的直流电压。

由于电路的地线没有与交流输入电源隔离，因而地线有可能带交流高压，在检测时要注意安全防止触电。

（4）检测与控制电路

检测与控制电路主要包括：MCU 智能控制电路（微处理器控制电路）、锅质检测电路、IGBT（门控管）过电压保护电路、浪涌保护电路、同步振荡电路、PWM 调制电路、IGBT 驱动电路、温度检测电路、风扇驱动电路、报警驱动电路等。图 9-12 所示为典型检测控制电路板。其功能主要是由 MCU 智能控制电路对同步振荡电路、PWM 调制电路、IGBT 驱动电路进行控制，使其能够驱动功率输出电路中的 IGBT（门控管）。在该电路板上还设有

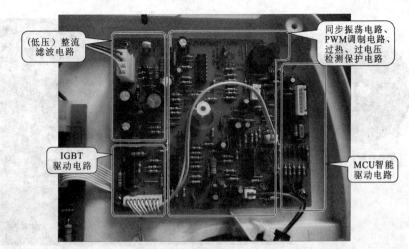

图 9-12 典型检测控制电路板

各种保护电路，如浪涌保护电路、IGBT过电压保护电路等，对电磁灶各个工作点进行监控，从而确保使用安全。

炉盘温度是由负温度系数热敏电阻（如图9-13所示）进行检测的。当炉盘线圈和盘面温度过高时，热敏电阻的阻值会发生变化，在电路中将电阻的变化变成直流电压的变化，然后去控制脉冲信号产生电路停止工作，进行自我保护。

图9-13 热敏电阻

此外，门控管集电极也设有温度检测环节。当门控管温度过高时，温度检测传感器使脉冲信号产生电路停止工作，进行自我保护。

（5）功率输出电路

功率输出电路主要包括高频谐振电容、炉盘线圈、IBGT等，如图9-14所示。

功率输出电路是将电源供电电路送来的DC 300 V电压，经由IGBT（门控管）、炉盘线圈、谐振电容形成高频高压的脉冲电流，与铁质灶具进行热能转换。由于该电路板工作的功率较大，因此设有电流检测、电压检测等监控电路，以确保电磁炉中的重要元器件不被损坏。

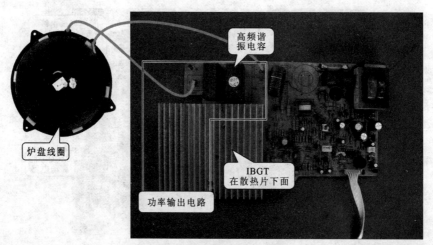

图9-14 典型功率输出电路

（6）操作显示电路

图 9-15 所示是操作显示电路板。操作显示电路板是由操作按键（或开关）、键控指令形成电路、微处理器、输出接口电路和显示电路等部分构成的。它的功能是接收人工操作指令并送给微处理器，微处理器再输出控制指令，如开／关机、电磁炉火力设置（选择）、定时操作等。

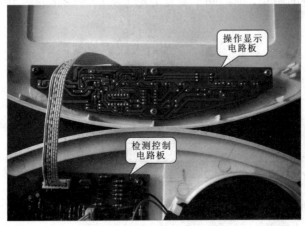

图 9-15 操作显示电路板

微处理器收到人工指令后根据内部程序输出控制信号，通过接口电路分别控制脉冲信号产生电路，进行脉宽调制信号的设置（功率设置）、风扇驱动等。同时，微处理器将电磁炉的工作状态变成驱动信号，驱动显示电路的发光二极管（或字符显示器件）显示工作状态、定时时间以及火力等。

（7）风扇散热组件

图 9-16 所示是风扇散热组件。电磁炉的能耗比较高，而电子电路等不能过热，因而需要良好的散热条件。在电磁炉的机壳内都设有风扇及驱动电路。通常风扇驱动电路是由微处理器控制的。开机后风扇立即旋转，停止后微处理器使风扇再延迟工作一段时间，以便将机壳内的热量散掉。

图 9-16 风扇散热组件

9.1.2 电磁炉的工作原理

1. 电磁炉的加热原理

图9-17为典型电磁炉的加热原理示意图。图中炉盘线圈为感应加热线圈，简称加热线圈。加热线圈在电路的驱动下形成高频交变电流。根据电磁感应原理，交变电流通过加热线圈时就产生交变的磁场，即线圈中变化的电流会产生变化的磁力线对铁质的软磁性灶具进行磁化。

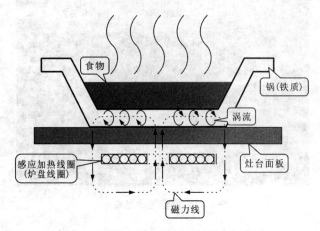

图9-17 典型电磁炉的加热原理示意图

这样就使灶具的底部形成了许多由磁力线感应出的涡流（电磁涡流），这些涡流又由于灶具本身的阻抗将电能转化为热能，从而实现对食物的加热。这就是电磁炉加热的原理。

2. 电磁炉的整机工作过程

图9-18为典型电磁炉的整机结构图。从整机来看，控制电路、电源电路和操作显示电路是电磁炉的主要电路。由于电磁炉在工作时会产生热量，所以在电磁炉的内部都安装有散热风扇，电磁炉在加热工作时所产生的热量会在散热风扇的作用下从电磁炉的排气口排出。电磁炉的灶台面板位于炉盘线圈的上方，灶具放置在灶台面板上。通常，电磁炉所使用的灶

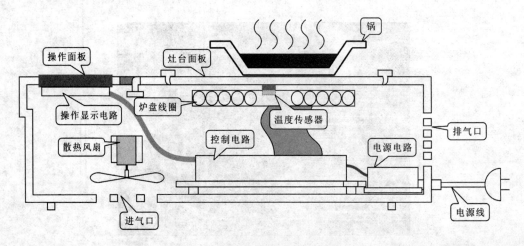

图9-18 典型电磁炉的整机结构图

具为铁质材料。铁质材料属于软磁性材料，它能够进行磁化，电磁炉就是通过炉盘线圈与铁质灶具之间产生的涡流实现加热的。因此，其他材料的灶具不能在电磁炉上使用。

图9-19为典型电磁炉的工作原理图。220V市电通过桥式整流堆（即4个整流二极管）变成大约300V的直流电压，再经过扼流圈和平滑电容，将平滑后的300V直流电压加到加热线圈（炉盘线圈）的一端，同时在加热线圈的另一端接一个门控管。当门控管导通时，加热线圈的电流通过门控管形成回路，这样在加热线圈中就产生了电流。

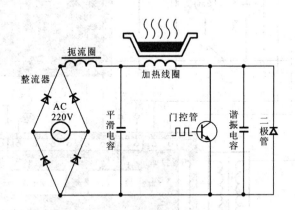

图9-19 典型电磁炉的工作原理图

为了使加热的效率提高，目前电磁炉都采用高频方式。交流220V电压的频率是50 Hz，变成直流以后通过谐振电容和加热线圈产生谐振，通过门控管的控制使它形成高频开关振荡电压（即开关管导通就有电流，截止就没有电流）。当开关脉冲的频率和谐振频率相同时，整个电路的谐振就形成了振荡，加热线圈内就形成了高频振荡电流，此时所产生的磁力线就是高频磁力线。磁力线辐射出去使铁质锅底产生涡流，这就是高频电磁炉的工作方式。

9.2 电磁炉的电路分析

9.2.1 电磁炉的电路特点与电路关系

1. 电磁炉的电路特点

图9-20是典型电磁炉的整机结构框图。加热线圈是电磁炉非常重要的部分，由它来产生强磁场。电磁炉工作时，交流220V电压经桥式整流堆整流滤波后输出300V直流电压并送到加热线圈，加热线圈与谐振电容形成高频谐振，将直流300V电压变成高频振荡电压。

电磁炉的控制部分主要包括检测电路、控制电路和振荡电路等，在电磁炉中它们被制成一个电路单元。电路单元中的振荡电路所产生的信号通过插件送给门控管，门控管的工作受其栅极的控制。电磁炉工作时，脉冲信号产生电路为栅极提供驱动控制信号，使门控管与炉盘线圈（加热线圈）形成高频振荡。

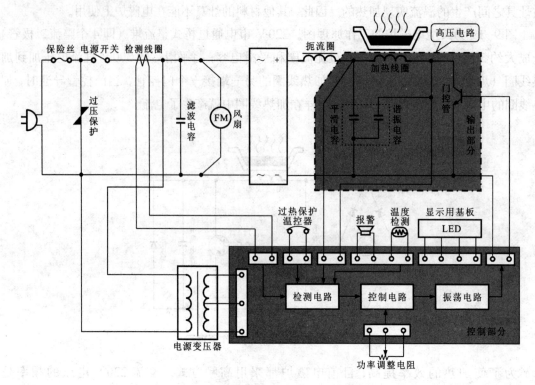

图 9-20 典型电磁炉的整机结构框图

电路单元中的检测电路在电磁炉工作时自动检测过电压、过电流、过热的情况，并进行自动保护。例如，炉盘线圈中安装有温度传感器，它是用来检测炉盘线圈温度的。如果检测到的温度过高，检测电路就会将检测到的信号送给控制电路，然后通过控制电路再控制振荡电路，切断脉冲信号产生电路的输出。过热保护温控器通常安装在门控管集电极的散热片上，如果检测到门控管的温度过高，温控器便会自动断开，使整机进入断电保护状态。报警电路一般是通过检测电路由微处理器进行控制的，它会发出报警信号，以提醒用户。

电源变压器是给控制板（控制电路单元）供电的，它将输入的交流 220 V 变成低压输出，再经过稳压电路变成 5 V、12 V、20 V 等直流电压，为检测、控制电路和脉冲信号产生电路提供电源。

电磁炉的供电回路主要由交流 220V 市电插头、保险丝（熔丝）、电源开关、过电压保护电路、电流检测电路等环节组成。如果整机的电流过大，会烧毁保险丝；如果输入的电压过高，过电压保护器件会进行过电压保护；如果主电源的电流过大，也会通过检测环节将电流检测的值通知控制电路进行自动保护。因为电磁炉是大电流高功率器件，所以供电的安全保护也十分重要。由于电磁炉的电路部分没有和交流市电进行隔离，所以地线都有可能带有 220 V 高压，在检修时需要特别注意。使用隔离变压器进行带电检测是安全措施之一，如果不使用隔离变压器，在检测时要特别小心。尤其是门控管有一个很大的散热片，这个散热片和集电极紧贴在一起，散热片本身是金属的，可以导电，所以散热片上就带有高压。打开电磁炉外壳后，只要是带电状态，就不要随便触摸里面的金属部分，以防止触电。

图 9-21 为采用双门控管控制的电磁炉电路结构框图。从图中可以看到，加热线圈是由两个门控管组成的控制电路控制的。在加热线圈的两端并联有电容 C1，这个电容就是高频谐振电容。在外电压的作用下，高频谐振电容的两端会形成高频高压脉冲。

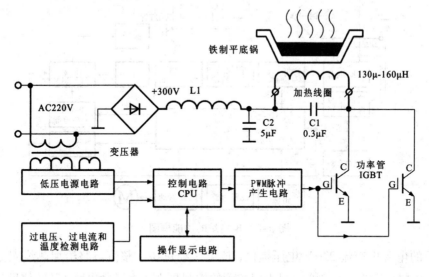

图 9-21 采用双门控管控制的电磁炉电路结构框图

在工作的时候，电磁炉通过调整功率来实现火力的调整。具体地讲，火力的调整是通过改变脉冲信号脉宽的方式实现的。在该电路中，加热线圈脉冲频率的控制是由两个门控管实现的，这两个门控管同时工作。这种采用两个门控管对炉盘线圈进行控制的方式可以提高输出功率，同时也可以减少两个门控管的功率消耗。每个门控管只承担总电流的二分之一。

门控管控制的脉冲频率就是加热线圈的工作频率，这个频率一般来讲应该和电路的谐振频率是一致的，这样才能形成一个良好的振荡条件，所以对电容的大小和线圈的电感量都有一定的要求。门控管控制的脉冲频率是由 PWM 脉冲产生电路产生的。脉冲信号对门控管开和关的时间进行控制，在一个脉冲周期内，门控管导通的时间越长，加热线圈输出的功率就越大；反之，门控管导通的时间越短，加热线圈输出的功率就越小。通过这种方式控制门控管的工作，即可实现火力的调整。

目前，对 PWM 脉冲产生电路的控制都是采用微处理器控制方式。微处理器（简称 CPU）作为电磁炉的控制核心，在工作的时候接收操作显示电路人工按键的指令。操作开关将启动、关闭、功率大小、定时等工作指令送给微处理器，微处理器就会根据用户的要求对 PWM 脉冲产生电路进行控制，从而实现对加热线圈功率的控制，最终满足加热所需的功率要求。

在电磁炉内部设有过电压、过电流和温度检测电路。在工作时如果出现了过电压、过电流或温度过高的情况，过电压、过电流和温度检测电路就会将检测的信号传递给微处理器，微处理器便会将 PWM 脉冲产生电路关断，从而实现对整机的保护。

此外，在电路中还设有低压电源电路，它主要是为控制电路、检测电路以及 PWM 脉冲产生电路提供低压电压的。

2. 电磁炉的电路关系

下面具体了解一下电磁炉中各部分电路的功能以及它们之间的联系。图9-22为典型电磁炉的功能框图。

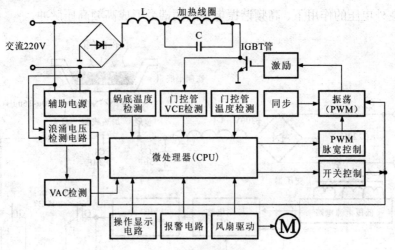

图9-22 电磁炉的功能框图

电磁炉的电源由交流 220 V 电压提供，该电压经过桥式整流电路给加热线圈提供电流。加热线圈是由门控管进行控制的，对于门控管的控制是由一个激励电路（脉冲信号放大电路）实现的。激励电路的功能是给门控管提供足够的驱动电流，因为一般门控管的功率比较大，所以需要比较大的激励电流，如果激励电流过小，门控管就不能正常工作。

从图中可以看到，激励电流是由脉冲信号振荡电路产生的。振荡电路的振荡是受几个方面控制的。脉宽控制电路对振荡电路进行控制，并由同步电路将振荡电路的振荡和整机的同步信号保持同步关系。这个同步关系是指和控制信号的同步关系。如果这两个信号不同步，就不容易对脉冲信号进行控制。在进行过电压、过电流和温度保护的时候，一般都是通过对振荡电路进行控制，使振荡电路停振，那么整机也就停止工作了。这是一种比较容易实现的控制方式。

电磁炉中的微处理器可通过开关控制电路直接对振荡电路进行开／关控制。当温度过高时，由温度检测电路送来的控制信号就会对振荡电路进行自动控制，此时，即使饭没做熟，也要对电磁炉进行断电关机，待电磁炉的温度降低以后才能够启动继续进行加热工作。

作为控制核心，微处理器对门控管的温度和电压进行检测，对锅底的温度进行检测，这些都要符合正常的工作条件，如果不符合条件，就要自动关机保护。

人工操作指令是通过操作显示面板上的操作按键发出的。当按下某一操作按键后，操作显示电路就会将人工指令传递给微处理器，微处理器根据所接收到的指令信息对电磁炉的工作进行控制。在工作过程中，微处理器还会将电磁炉的工作状态信号送到显示电路中进行显示，是开机工作状态还是关机保护状态都会在显示屏上显示出来。

报警电路就是在电磁炉出现过电压、过载情况时发出报警信号。例如，若炉温过高或电磁炉在工作时未检测到铁质灶具，报警电路就会发出报警信号，驱动蜂鸣器发声。

此外，由于电磁炉的加热线圈需要高压、大电流，而控制电路、检测电路等都需要低压、小电流，所以在电磁炉中都设有一个辅助电源以提供其他电路所需的低压。浪涌电压检测电路则主要是对电磁炉的整机电路进行保护的。例如，如果 220 V 电压升得过高，浪涌电压检测电路就会将检测信号传给微处理器，微处理器输出保护信号会对整个机器进行保护。

9.2.2 电磁炉的整机信号流程和电路分析

1. 电磁炉的整机信号流程

图 9-23 所示为典型电磁炉的整机电路图。

由图可知，电磁炉的电路可划分为电源供电电路、功率输出电路、检测与控制电路和操作显示电路四大部分。

● 在电源供电电路中，市电（AC 220 V）经交流输入电路进入电磁炉后，分为两路进行输送：一路经过整流滤波电路，转换成直流 +300 V 电压送入功率输出电路；另一路送入直流电源供电电路。

● 功率输出电路主要是实现电磁炉中炉盘线圈的加热功能。

● 在检测与控制电路中，主要包括电流检测、电压检测、浪涌保护、温度检测、锅质检测、IGBT 过电压保护、IGBT 驱动电路、风扇驱动电路、报警驱动电路、微处理器（MCU）控制电路、同步振荡电路、PWM 调制电路等。

当市电（AC 220 V）进入电磁炉后，分别送入电流检测电路、电压检测电路、浪涌保护

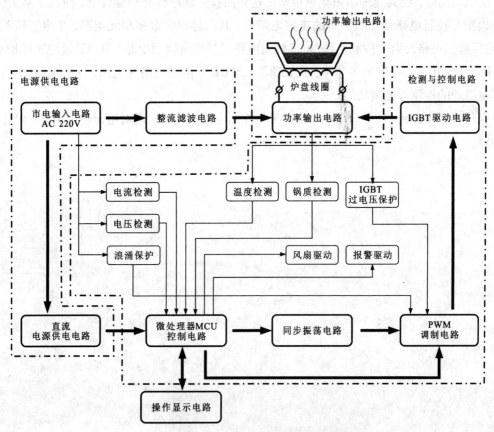

图 9-23 典型电磁炉的整机电路图

电路中进行检测处理，并将各种检测信号送入微处理器（MCU）控制电路中进行处理。

风扇驱动电路和报警驱动电路则是由微处理器（MCU）控制电路直接进行控制的。

● 人工操作指令是通过操作显示面板上的操作按键发出的。当按下某一操作按键后，操作显示电路就会将人工指令传递给微处理器，微处理器根据所接收到的指令信息对电磁炉的工作进行控制。同时，操作显示电路显示电磁炉的工作状态。

2. 电磁炉的整机电路分析

图 9-24 所示为典型电磁炉的整机电路原理分析图。

这是美的 MC—EY182 型电磁炉的整机电路图，主要分为电源供电电路、功率输出电路、检测与控制电路。操作显示电路通过插件 CON8 与检测控制电路相连接。

交流 220 V 输入电压接入电磁炉的电源供电电路后，分成两路。一路经熔断器 FUSE1、过电压保护器 NR1、电容器 C3、电阻器 R6、桥式整流堆、扼流圈 L1、滤波电容 C6 后输出 +300 V 直流电压（即交流输入及整流滤波电路）；另一路经插件 CN5 后，再经降压变压器 T2 降压，输出四路：分别为交流 20 V、接地、交流 18.5 V 和交流 10.5 V，再经整流滤波电路后输出直流 +18 V、直流 +5 V 等电压（即直流电源供电电路）。

功率输出电路主要由炉盘线圈、高频振荡电容 C11、IGBT 等部分构成的，有些电路还可能安装有阻尼二极管。+300 V 直流电压为炉盘线圈供电，IGBT 的基极接收 IGBT 驱动电路输出的驱动信号，经其处理后由集电极输出送到高频振荡电容和炉盘线圈，使其正常工作。

检测与控制电路是电磁炉中的主控电路板，其内部包含很多单元电路，如电压检测电路（过电压检测电路）、温度检测电路、电流检测电路（过电流检测电路）、IGBT 过电压保护电路、IGBT 管驱动电路、同步振荡电路、微处理器（MCU）控制电路等电路，这些电路相互协作，实现电磁炉的检测与控制功能。

操作显示电路通过插件 CON8 和检测与控制电路相连，实现对电磁炉的启动、停止等控制功能。

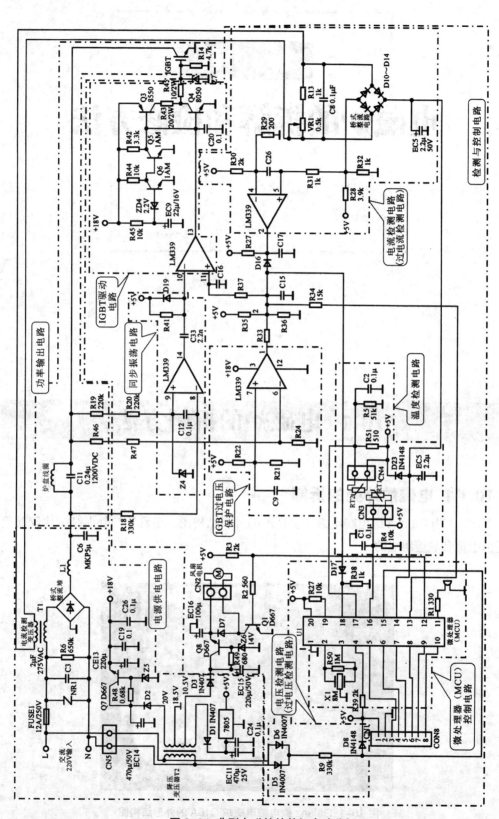

图 9-24 典型电磁炉的整机电路分析

第 10 章

电磁炉的拆解和检修方法

10.1 电磁炉的拆解方法

10.1.1 电磁炉外壳的拆卸

图 10-1 为 Galanz 微电脑电磁炉 C16A 的外形结构图。电磁炉的外形结构比较简单,主要是由上盖和底盖组成的。

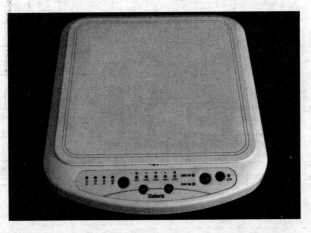

图 10-1 Galanz 微电脑电磁炉 C16A 的外形结构图

　　一般来讲，上盖和底盖都是由周围的几个螺钉固定在一起的，将周围的这些螺钉卸下，就可以将电磁炉的外壳分离。在电磁炉的背面有 6 个固定螺钉，每侧分别有 3 个，如图 10-2 所示。

图 10-2　电磁炉外壳的固定螺钉

　　用旋具将电磁炉的固定螺钉卸下，如图 10-3 所示。注意，卸下的螺钉应妥善放置，以免丢失。

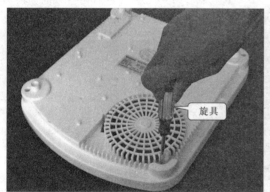

图 10-3　卸下电磁炉的固定螺钉

　　卸下固定螺钉后，便可以将电磁炉的外壳打开，如图 10-4 所示。

图 10-4　取下电磁炉外壳

图 10-5 所示为卸下外壳后的电磁炉。从图中可以看到电磁炉的整体结构，包括外壳、陶瓷板、操作显示电路板、检测控制电路板、门控管及供电电路板、炉盘线圈（加热线圈）和风扇。其中陶瓷板是粘在电磁炉外壳上的，是电磁炉外壳的一部分。

图 10-5 电磁炉的整体结构

10.1.2 电磁炉操作显示电路板的拆卸

图 10-6 所示为 Galanz 微电脑电磁炉 C16A 的操作显示面板。通过操作显示面板可以对电磁炉输入人工指令，这些人工指令经操作显示电路板送入检测控制电路板。

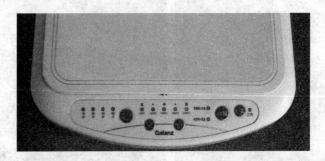

图 10-6 Galanz 微电脑电磁炉 C16A 的操作显示面板

操作显示电路板与检测控制电路板之间是通过一条数据线连接的，如图 10-7 所示。

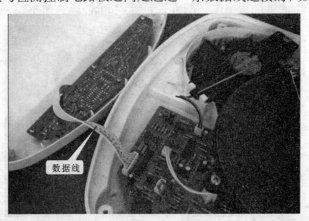

图 10-7 操作显示电路板与检测控制电路板之间的连接数据线

将操作显示电路板与检测控制电路板之间的连接数据线拔下，即可将电磁炉分成上下两部分，如图10-8所示。

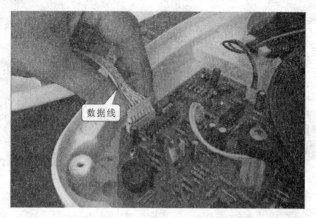

图 10-8 拔下操作显示电路板与检测控制电路板之间的连接数据线

操作显示电路板由4个固定螺钉固定在电磁炉外壳上，位于操作显示面板的下方，如图10-9所示。

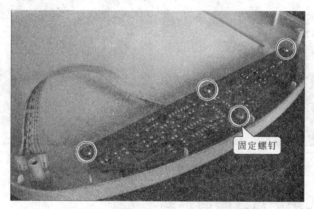

图 10-9 操作显示电路板的固定螺钉

用旋具将电磁炉操作显示电路板的固定螺钉卸下，如图10-10所示。

图 10-10 卸下电磁炉操作显示电路板的固定螺钉

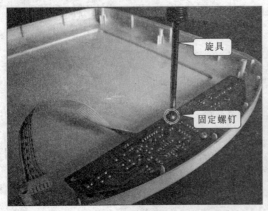 

图 10-10 卸下电磁炉操作显示电路板的固定螺钉（续）

卸下固定螺钉后，便可以将操作显示电路板从电磁炉的外壳上取下来，如图 10-11 所示。

 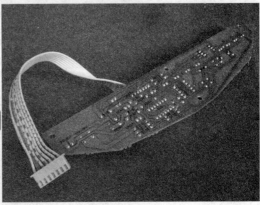

图 10-11 取下的操作显示电路板

10.1.3 电磁炉炉盘线圈的拆卸

图 10-12 所示为 Galanz 微电脑电磁炉 C16A 的炉盘线圈（加热线圈）。炉盘线圈将热量导向电磁炉外壳上的陶瓷板，实现加热。

图 10-12 Galanz 微电脑电磁炉 C16A 的炉盘线圈

在炉盘线圈的顶部,也就是热敏电阻所在位置涂有白色的导热硅胶,如图 10-13 所示。通过导热硅胶将陶瓷板的温度准确地传给热敏电阻。

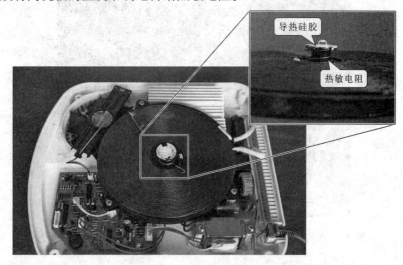

图 10-13 热敏电阻及导热硅胶

炉盘线圈中的热敏电阻与检测控制电路板之间是通过一条数据线连接的,如图 10-14 所示。

图 10-14 热敏电阻与检测控制电路板之间的连接数据线

将炉盘线圈中的热敏电阻与检测控制电路板之间的连接数据线拔下,如图 10-15 所示。

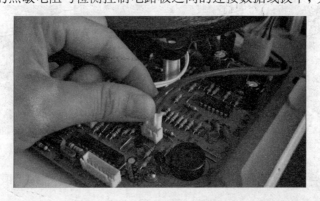

图 10-15 拔下热敏电阻与检测控制电路板之间的连接数据线

炉盘线圈的两条引线与门控管及供电电路板之间由两个螺钉固定，如图 10-16 所示。

图 10-16 炉盘线圈引线与门控管及供电电路板之间的连接螺钉

用旋具将炉盘线圈引线与门控管及供电电路板之间的连接螺钉卸下，如图 10-17 所示。

图 10-17 卸下炉盘线圈引线与门控管及供电电路板之间的连接螺钉

炉盘线圈由 3 个固定螺钉固定在电磁炉外壳支架上，用旋具将炉盘线圈的固定螺钉卸下，如图 10-18 所示。

图 10-18 卸下炉盘线圈的固定螺钉

卸下固定螺钉后，便可以将炉盘线圈连同热敏电阻一起从电磁炉上取下来。

10.1.4 电磁炉风扇的拆卸

图 10-19 为 Galanz 微电脑电磁炉 C16A 的风扇，通过风扇可将电磁炉内的热量散去。风扇的电动机与检测控制电路板之间是通过一条数据线连接的。

图 10-19 Galanz 微电脑电磁炉 C16A 的风扇

将风扇电动机与检测控制电路板之间的连接数据线拔下，如图 10-20 所示。

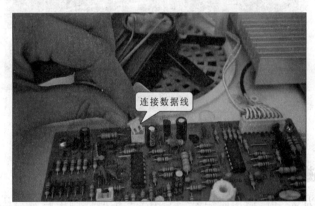

图 10-20 拔下风扇电动机与检测控制电路板之间的连接数据线

风扇由 1 个固定螺钉固定在电磁炉外壳上，如图 10-21 所示。

图 10-21 风扇的固定螺钉

用旋具将电磁炉风扇的固定螺钉卸下，如图 10-22 所示。

图 10-22 卸下电磁炉风扇的固定螺钉

卸下固定螺钉后，便可以将风扇及风扇电动机从电磁炉的外壳上取下来，如图 10-23 所示。

图 10-23 取下的风扇及风扇电动机

10.1.5 电磁炉检测控制电路板的拆卸

图 10-24 所示为 Galanz 微电脑电磁炉 C16A 的检测控制电路板。从图中可以看出，检测控制电路板分别与操作显示电路板、风扇电动机、热敏电阻、变压器、门控管及供电电路板相连。

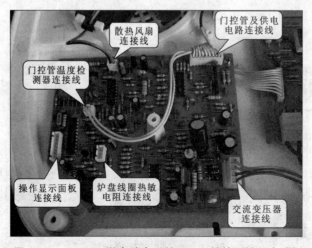

图 10-24 Galanz 微电脑电磁炉 C16A 的检测控制电路板

将检测控制电路板上各个接口的数据线拔下，如图 10-25 所示。

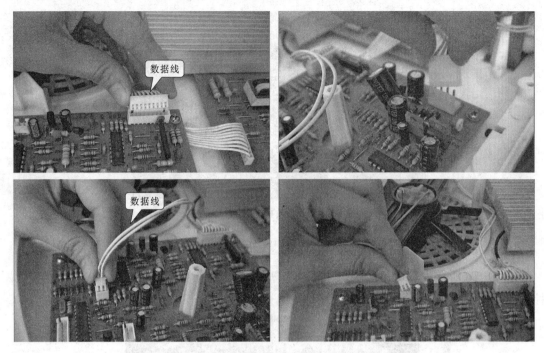

图 10-25 拔下检测控制电路板各个接口的连接数据线

用旋具将电磁炉检测控制电路板的固定螺钉卸下，如图 10-26 所示。

图 10-26 卸下电磁炉检测控制电路板的固定螺钉

卸下固定螺钉后，便可以将检测控制电路板从电磁炉的外壳上取下来，如图 10-27 所示。

图 10-27 取下的检测控制电路板

10.1.6 电磁炉门控管及供电电路板的拆卸

图 10-28 所示为 Galanz 微电脑电磁炉 C16A 的门控管及供电电路板，它们分别与检测控制电路板、变压器以及电源线相连，如图 10-28 所示。

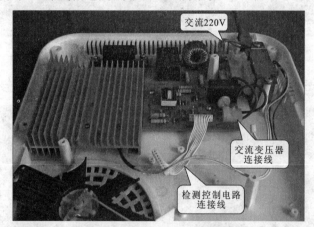

图 10-28 门控管及供电电路板

将门控管及供电电路板上的各个数据线拔下，如图 10-29 所示。

图 10-29 拔下门控管及供电电路板的各接口数据线

146

门控管及供电电路板是由 5 个固定螺钉固定在电磁炉外壳上的，如图 10-30 所示。

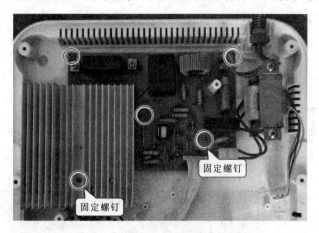

固定螺钉

固定螺钉

图 10-30 门控管及供电电路板的固定螺钉

用旋具将电磁炉门控管及供电电路板的固定螺钉卸下后，便可以将门控管及供电电路板从电磁炉的外壳上取下来，如图 10-31 所示。

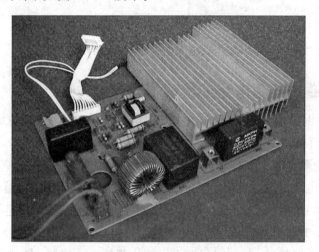

图 10-31 取下的门控管及供电电路板

10.2 电磁炉电源电路的检修方法

10.2.1 电磁炉电源电路的检修分析

在电磁炉中，电源电路是整机中几乎所有电路或部件工作条件的来源。当电源电路任何一部分出现故障时，均会引起电磁炉无法正常工作的故障。因此，对电源电路进行检修时，可依据电源电路的供电关系，按电源电路的信号流程，对可能产生故障的相关部件逐一进行排查。图 10-32 所示为典型电磁炉电源电路的检修流程图。

对电磁炉电源电路进行检修时，首先应该检测熔断器是否正常；然后检测输出的低压直流电压、检测稳压电路中的三端稳压器是否正常；接着检测交流输入电路输出的 +300 V 电压、桥式整流堆或桥式整流电路是否正常；最后检测电源变压器是否有感应脉冲信号波形输出，如图 10-32 所示。

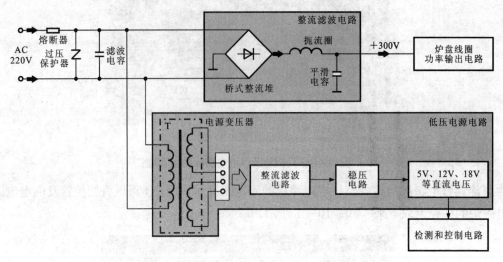

图 10-32 典型电磁炉电源电路的检修流程图

10.2.2 电磁炉电源电路的检修操作

根据电磁炉中电源电路的检修流程可知，在检测电源电路时，主要是对电源电路的各主要元器件的性能进行检测。

1. 熔断器的检测方法

电磁炉的电源电路出现故障时，应先查看熔断器是否损坏。熔断器的检测方法有两种：一是观察法，即用眼睛直接观察，看熔断器是否有烧断、烧焦迹象；二是检测法，即用万用表对熔断器进行检测，观察其电阻值，判断熔断器是否损坏。

熔断器就是一个保险丝，检测时将万用表挡位调整至欧姆挡，红黑表笔分别搭在熔断器的两端。若测得的电阻值趋于零，说明熔断器良好；若阻值为无穷大，说明熔断器已损坏，如图 10-33 所示。

若经检查或检测发现，熔断器本身正常，表明电路中不存在严重短路或其他过流故障，可进一步对电源部分进行检测，寻找故障线索；若熔断器有明显损坏，如出现烧黑、炸裂等情况时，多是由电路中存在严重短路或瞬间过电流等情况，此时应特别注意检查电路中的短路部件以及引起短路的故障原因，以防扩大故障范围，引起不必要的麻烦。

【要点提示】

引起电磁炉中熔断器损坏的原因很多，常见的主要有电路过载或元器件短路引起的过电流，因此当检修过程中发现熔断器烧坏后，不仅要更换新的符合该电路型号的熔断器，还应进一步检查电路中其他部位故障，查是否有短路损坏的元器件，否则即使更换熔断器，开机后还会被烧断，而且还可能会进一步扩大故障范围。

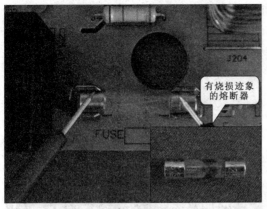

图 10-33 熔断器的检测方法

2. 低压直流电压的检测方法

当电磁炉的电源电路出现故障，在确保熔断器正常的情况下，应对输出的低压直流电压进行检测。

检测电磁炉的低压直流电压时，主要是对直流稳压部件的性能进行判断，如三端稳压器、稳压二极管等进行检测。检测时，首先将万用表的挡位调整至"直流 50 V"电压挡；然后将万用表的红表笔搭在稳压二极管的正极，黑表笔搭在稳压二极管的负极；正常情况下，万用表测得电压值为 18 V，如图 10-34 所示。

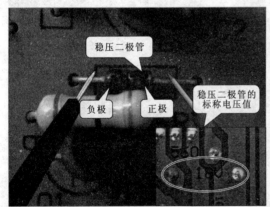

图 10-34 低压直流电压的检测方法

在通电状态下，检测稳压二极管输出的电压值。若与标称值相符，则表明稳压二极管输出的低压直流电压正常；若无电压值输出或与标称值相差较大，则表明稳压二极管可能损坏。

3. 三端稳压器的检测方法

在检测低压直流输出电压时，若出现某一路或是几路输出的电压不正常，则应对前级电路中的三端稳压器进行检测。

检测三端稳压器时，主要检测输入的直流电压以及输出的电压。若输入的电压正常，而输出的电压不正常，则表明该电路中的三端稳压器损坏。检测输入端的电压时，首先应将万用表的黑表笔搭在三端稳压器的接地端，红表笔搭在三端稳压器的电压输入端；正常情况下，可测得三端稳压器输入的电压为直流 +18 V，如图 10-35 所示。

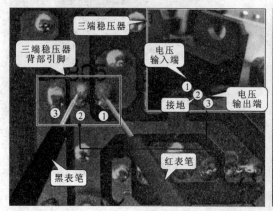

图 10-35　三端稳压器输入端电压的检测方法

黑表笔搭在三端稳压器的接地端，将万用表的红表笔搭在三端稳压器的电压输出端，正常情况下，万用表可测得三端稳压器输出的电压为直流 +5 V，如图 10-36 所示。

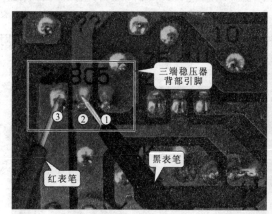

图 10-36　三端稳压器输出端电压的检测方法

4.　+300 V 输出电压的检测方法

若电磁炉低压直流电路无输出，则可先对整流部分输出的直流高压，即 +300 V 直流电压进行检测。

检测 +300 V 电压值时，可以通过检测 +300 V 的滤波电容进行检测该电压是否正常，同时还可以判断 +300V 滤波电容的性能是否正常。检测时将万用表的挡位调整至"直流 500 V"电压挡，然后将万用表的红黑表笔分别搭在滤波电容的背部引脚端，正常情况下，万用表测得电压值为 300 V，如图 10-37 所示。

若检测电源电路输出的 +300V 电压正常，则说明前级电路正常；若检测不到 +300 V 输出电压，则说明桥式整流堆或滤波电容等器件不良，需要进行下一步的检修。

5.　桥式整流堆的检测方法

在电源电路中，桥式整流堆的作用是将 220 V 交流电压整流后输出 300 V 直流电压，若

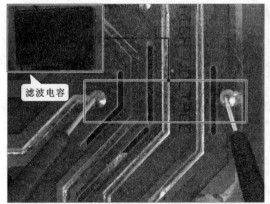

图 10-37 +300V 输出电压的检测方法

电源电路无 +300 V 电压输出，则需对整流滤波电路中的桥式整流堆进行检测。

桥式整流堆有交流输入端和直流输出端。正常时交流输入端可检测到 220 V 的电压，直流输出端可检测到 300 V 的电压；若交流输入端 220 V 电压正常，直流输出端无 300 V 输出，则多为桥式整流堆损坏。检测时先将万用表的红黑表笔分别搭在桥式整流堆的交流输入端，正常情况下，万用表测得桥式整流堆输入的交流电压值为 220 V，如图 10-38 所示。

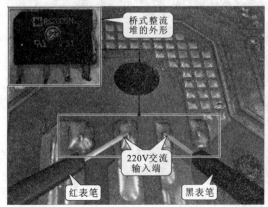

图 10-38 桥式整流堆输入端电压值的检测

接着将万用表的红表笔搭在桥式整流堆的直流输出端的正极，黑表笔搭在桥式整流堆的直流输出端的负极。正常情况下，万用表测得桥式整流堆的直流电压值为 300 V，如图 10-39 所示。

【信息扩展】

在有些电磁炉中未将四只整流二极管集成，而是采用了四只连接成桥式的整流二极管作为整流电路。该电路的功能、工作原理等均与桥式整流堆相同，检测方法也相同，先检测有无交流 220 V 的输入电压，然后再检测有无直流 300 V 的输出电压。

6. 电源变压器的检测方法

若检测电源电路中没有任何低压直流电压输出，而前级整流滤波电路输出 +300 V 的直流电压正常，此时需要对电源电路中间环节进行检测，其中电源变压器是该部分检测的重点。

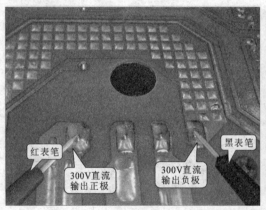

图 10-39 桥式整流堆输出端电压值的检测方法

由于电源变压器输出的脉冲电压很高，所以采用感应法判断电源变压器是否工作是目前普遍采用的一种简便方法。检测时首先应接通电磁炉的电源，将示波器的接地夹接地，将探头靠近电源变压器的磁心部分，正常时示波器可感应到正弦信号波形，如图 10-40 所示。

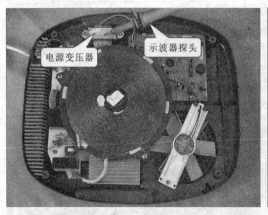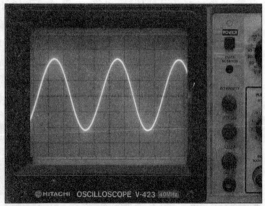

图 10-40 电源变压器的检测方法

10.3 电磁炉功率输出电路的检修方法

10.3.1 电磁炉功率输出电路的检修分析

电磁炉功率输出电路是电磁炉中非常重要的单元电路，若功率输出电路出现故障，往往会引起电磁炉出现不加热的故障。对于电磁炉功率输出电路的检修，首先需要了解电路的检修流程，然后根据检修流程对功率输出电路中的主要部件进行检修，逐一进行故障的排查。

首先检测功率输出电路的供电电压、功率输出电路的 PWM 驱动信号是否正常，然后检测 IGBT 本身的性能是否良好，最后检测 LC 谐振电路是否正常，如图 10-41 所示。

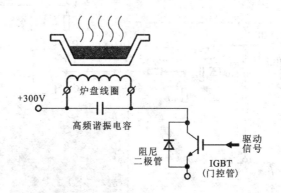

图 10-41　典型电磁炉功率输出电路的检修流程图

10.3.2　电磁炉功率输出电路的检修操作

根据电磁炉中功率输出电路的检修流程可知，在检测功率输出电路时，主要是对功率输出电路的供电电压、PWM 驱动信号、IGBT 管以及 LC 谐振电路等进行检测。

1.　功率输出电路供电电压的检测方法

首先对功率驱动电路的供电电压进行检测。检测时将万用表调至"直流 500 V"电压挡，用黑表笔搭在电容器的负极接地端上，红表笔搭在供电端的引脚上，如图 10-42 所示。正常情况下，应当检测到 +300 V 直流供电电压；若无供电电压，则可能是前级电源供电电路故障，应对其进行检查。

图 10-42　功率驱动电路供电电压的检测

2.　PWM 驱动信号的检测方法

由于电磁炉电路与交流火线没有电气隔离，检测电磁炉信号波形应使用隔离变压器对电磁炉供电。检测控制电路为功率输出电路送入的 PWM 驱动信号，将示波器的接地夹连接在接地端，示波器探头搭在功率输出电路 PWM 驱动信号输入端时，应当可以检测到 PWM 驱动信号波形，如图 10-43 所示。若无法检测到 PWM 驱动信号波形时，说明控制电路可能发生故障，应对其进行检测。

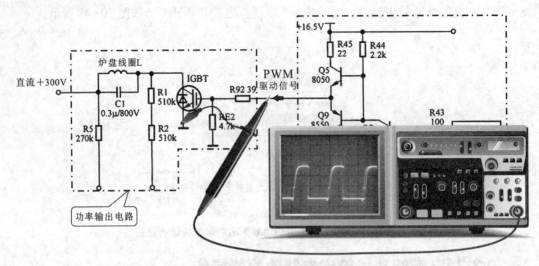

图 10-43 功率输出电路 PWM 驱动信号的检测方法

3. IGBT 的检测方法

IGBT 是功率输出电路中故障率较高的器件，一般采用波形检测法对其进行检测。

由于 IGBT 输出信号的幅度比较高，而且与交流火线有隔离，不能用示波器直接检测，通常采用非接触式的感应法。使用示波器探头靠近散热片感应 IGBT 处的信号波形，正常情况下应当检测到 IGBT 感应信号，如图 10-44 所示。

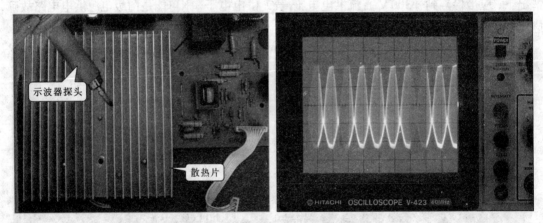

图 10-44 IGBT 处感应信号的检测方法

若不能感应到 IGBT 的信号波形时，可将 IGBT 取下，对其引脚阻值进行进一步检测。对 IGBT 引脚的阻值进行检测时，首先检测发射极 (e) 的正向阻值，将万用表调至"×1k"欧姆挡，将万用表的黑表笔搭在 IGBT 控制极 (g) 上，将红表笔搭在 IGBT 发射极 (e) 上，正常情况下检测到的阻值为"无穷大"，如图 10-45 所示。

然后使用该方法依次对 IGBT 其他两两引脚间的阻值进行检测，正常情况下检测到的阻值见表 10-1 所列。若检测到的阻值异常时，说明 IGBT 损坏，应当对其进行更换。

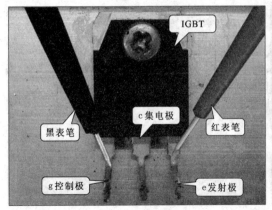

图 10-45 检测发射极（E）的正向阻值

表 10-1 IGBT 管引脚阻值

黑表笔	g 控制极	g 控制极	c 集电极	c 集电极	e 发射极	e 发射极
红表笔	e 发射极	c 集电极	e 发射极	g 控制极	c 集电极	g 控制极
阻值	无穷大	无穷大	无穷大	无穷大	4 kΩ	无穷大

【要点提示】

　　若是在带有阻尼二极管的电磁炉中，还应当对阻尼二极管进行检测。一般也采用测正反向阻值法进行判断，将万用表的红表笔搭在阻尼二极管的负极上，将黑表笔搭在阻尼二极管的正极上，检测到的正向阻值约为"14 Ω"，如图 10-46 所示。

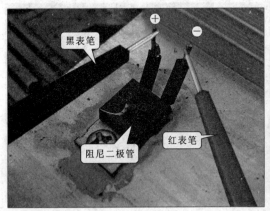

图 10-46 检测阻尼二极管的正向阻值

　　然后将万用表的表笔对调，如图 10-47 所示，红表笔搭在阻尼二极管的正极上，黑表笔搭在阻尼二极管的负极上，检测到的反应阻值应当为"无穷大"。

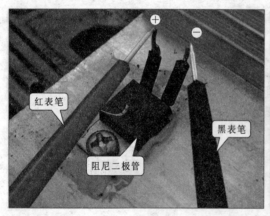

图 10-47 检测阻尼二极管的反向阻值

经过对阻尼二极管的检测时，若发现正向阻值为零或无穷大，反向阻值也出现异常时，说明阻尼二极管损坏，应当对其进行更换。

4. LC谐振电路的检测方法

在检测LC谐振电路时主要是对LC谐振电路输出的高频信号、炉盘线圈以及高频谐振电容进行检测。

（1）LC谐振电路输出高频信号的检测

首先检测LC谐振电路输出端的高频信号波形。当电磁炉工作时，使用示波器探头靠近台面感应炉盘线圈处的信号，如图10-48所示，正常情况下应检测到高频信号波形；若检测不到高频信号波形时，说明LC谐振电路中的元件可以发生损坏，应当对炉盘线圈和高频谐振电容器分别进行检测。

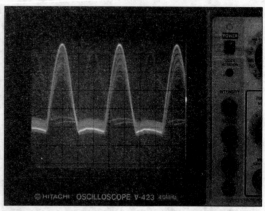

图 10-48 LC谐振电路输出高信号的检测

（2）LC谐振电路中炉盘线圈的检测

对炉盘线圈进行检测时，应当将万用表的量程调整至"蜂鸣挡"，红黑表笔分别搭在炉盘线圈的两个引脚上，如图10-49所示，正常情况下，万用表蜂鸣器应当发出响声，阻值应当为零；若检测时无蜂鸣声，万用表的阻值为无穷大时，说明炉盘线圈损坏，应当对其进行更换。

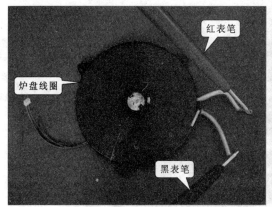

红表笔

炉盘线圈

黑表笔

图 10-49 检测炉盘线圈

（3）LC 谐振电路中高频谐振电容器的检测

对 LC 谐振电路中的高频谐振电容器进行检测，高频谐振电容器的引脚分别与炉盘线圈接口引脚连接，应当使用数字万用表的电容挡进行检测，将红黑表笔分别搭在高频谐振电容器的两个引脚上，如图 10-50 所示，正常情况下，数字万用表显示的电容量应当为"0.24 μF"左右。若无法检测到电容量时，说明高频谐振电容器损坏，应当对其进行更换。

红表笔

黑表笔

图 10-50 检测高频谐振电容器（C203）的电容量

10.4 电磁炉控制及检测电路的检修方法

10.4.1 电磁炉控制及检测电路的检修分析

电磁炉控制和检测电路是电磁炉中非常重要的单元电路，若电磁炉的检测和控制电路出现故障，则可能会造成电磁炉无法正常工作的故障，例如不开机、不加热、无锅不报警等故障。这里首先了解一些该电路的基本检修流程，然后根据检修流程对控制和检测电路中的主要部件进行检修，逐一进行故障的排查。

首先应检查微处理器 MCU 是否正常；然后检查电压比较器是否正常；接着检查运算放

大器是否正常；最后检查 IGBT 驱动控制芯片是否正常，如图 10-51 所示。

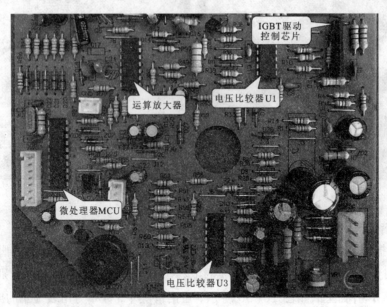

图 10-51 典型电磁炉控制和检测电路的检修流程图

10.4.2 电磁炉控制及检测电路的检修操作

根据电磁炉中控制和检测电路的检修流程可知，在检修电磁炉控制和检测电路可顺其基本的信号流程，对控制和检测电路中的主要元件进行检测，例如微处理器、电压比较器、运算放大器、IGBT 驱动控制芯片等。控制和检测电路中的供电电压是微处理器工作的条件之一，若无供电电压，则微处理器不能正常工作。下面以格兰仕 C16A 型电磁炉的检测和控制电路为例，介绍其检修方法。

1. 微处理器的检测方法

首先对微处理器（HMS87C1202A）的 +5 V 供电电压进行检测。检测时可将万用表调至"直流 10 V"电压挡，用黑表笔搭在接地端上，红表笔搭在供电端的引脚上（⑤脚），如图 10-52 所示。

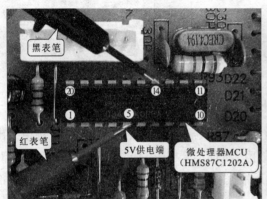

图 10-52 微处理器供电电压的检测方法

若检测供电不正常，应对供电部分及电源电路进行检测；若供电正常。则说明微处理器的供电条件满足，可继续对其他工作条件进行检测。

检测微处理器（HMS87C1202A）的①脚和⑫脚的晶振信号是否正常。正常情况下将示波器的探头搭在这两个引脚上时，便可以检测到晶振信号的波形，如图 10-53 所示。

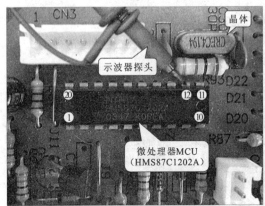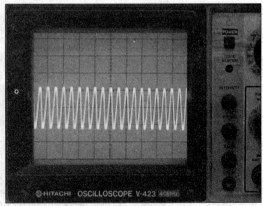

图 10-53 微处理器晶振信号的检测方法

正常情况下，在晶体的引脚处也能检测到相应的信号波形。若晶振信号不正常，则应对晶体及其外围的谐振电容进行检测。

【要点提示】

若检测微处理器的晶振信号时，无信号波形，可能是晶体本身损坏，也可能是微处理器内部振荡电路损坏，此时可使用代换法，即将旧的晶体拆下，将新的且性能良好的晶体焊接在电路中，并试机。若故障排除，则说明旧的晶体已经损坏；若故障依旧，则可能是微处理器故障。

接着对微处理器（HMS87C1202A）的⑩脚输出的 PWM 驱动信号进行检测，将示波器的接地夹接地，探头搭在微处理器的 PWM 驱动信号输出端（⑩脚）。正常情况下，可检测到 PWM 驱动信号波形，如图 10-54 所示。在供电电压和时钟信号正常的情况下，若微处理器无 PWM 信号输出，则多为是其本身损坏。

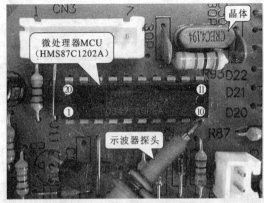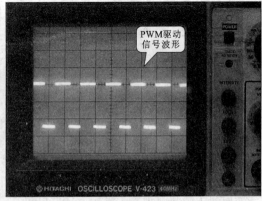

图 10-54 微处理器输出 PWM 驱动信号的检测方法

【信息扩展】

此外，在微处理器（HMS87C1202A）的⑦脚上可以测得蜂鸣器控制信号的波形，③脚可以检测到检锅信号的波形，如图 10–55 所示。

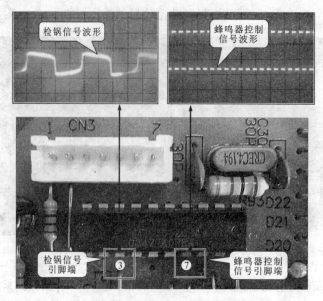

图 10–55 微处理器其他引脚的信号波形

2. 电压比较器 U1 和 U3（LM339）的检测方法

首先对电压比较器 U1（LM339）的 12 V 供电电压进行进行检测。检测时需将万用表调至"直流 50 V"电压挡，用黑表笔搭在接地端上，红表笔搭在 LM339 的③脚上。正常情况下，可测得 12V 的供电电压，如图 10–56 所示。

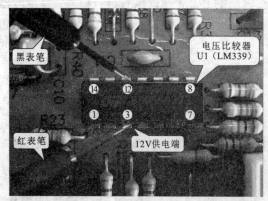

图 10–56 电压比较器 U1 供电电压的检测方法

用同样的方法对 U3（LM339）的供电电压进行检测。正常情况下，也可测得 12 V 的供电电压，如图 10–57 所示。

然后对电压比较器 U3 ⑥脚炉盘线圈的电压取样信号进行检测。将示波器的接地夹接地，探头搭在电压比较器的炉盘线圈取样信号端（⑥脚）。正常情况下，可检测到炉盘线圈取样信号波形，如图 10–58 所示。

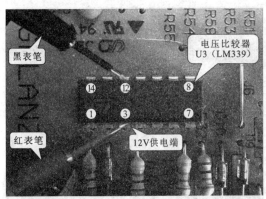

图 10-57 电压比较器 U3 供电电压的检测方法

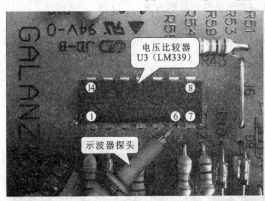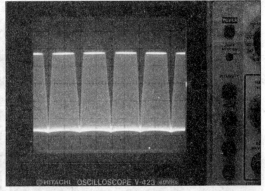

图 10-58 炉盘线圈电压取样信号的检测

再对⑦脚 IGBT 集电极 (c) 取样信号进行检测。将示波器的接地夹接地,探头搭在电压比较器的 IGBT 集电极 (c) 取样信号端(⑦脚),正常情况下,可检测到 IGBT 集电极 (c) 取样信号波形,如图 10-59 所示。

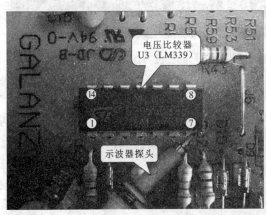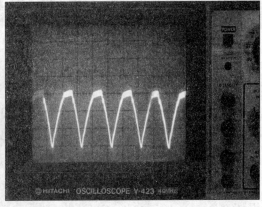

图 10-59 IGBT 集电极 (c) 极取样信号的检测

接着对电压比较器 U3 的⑩脚锯齿波信号进行检测。将示波器的接地夹接地,探头搭在电压比较器的锯齿波信号端(⑩脚)。正常情况下,可检测到锯齿波信号波形,如图 10-60所示。

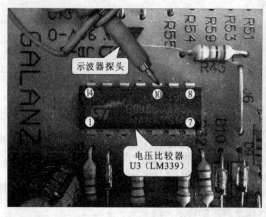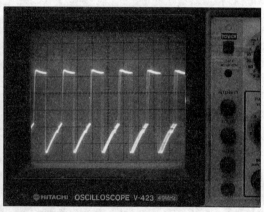

图 10-60 电压比较器 U3 锯齿波信号的检测方法

对电压比较器 U3 的②脚输出的 PWM 调制信号进行检测。将示波器的接地夹接地，探头搭在电压比较器的 PWM 调制信号端（②脚）。正常情况下，可检测到 PWM 调至信号波形，如图 10-61 所示。U3 在供电电压和输入取样信号正常的情况下，若锯齿波信号或输出的 PWM 调制信号不正常，则可能是 U3 本身已经损坏。

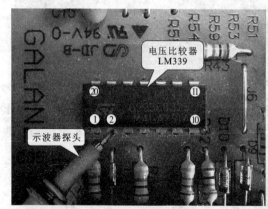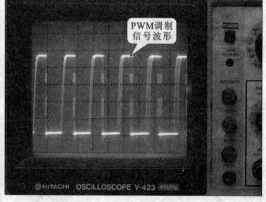

图 10-61 电压比较器 U3 输出 PWM 调制信号的检测方法

电压比较器 U1（LM339）的检测方法与 U3 基本相同。在供电电压正常的情况下，可对 U1 的⑥脚 IGBT 集电极（c）取样信号（参照 U3 的⑦脚波形）以及 U1 的②脚输出的检锅信号进行检测。将示波器的接地夹接地，探头搭在电压比较器的锅质检测信号端（②脚），正常情况下，可检测到锅质检测信号波形，如图 10-62 所示。若该比较器在供电正常、⑥脚信号正常条件下，②脚无信号输出或输出的检锅信号不正常，则可能是其内部已经损坏。

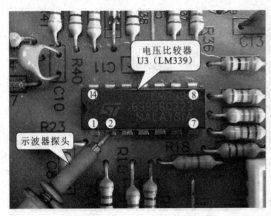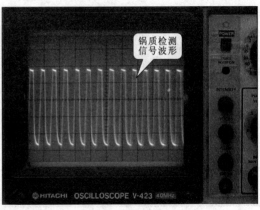

图 10-62　电压比较器 U1 输出检锅信号的检测方法

【信息扩展】

此外，还可以使用检测电压比较器 LM339 各引脚正反向对地阻值的方法来判断好坏，正常情况下 U1（LM339）各引脚的对地阻值见表 10-2 所列。

表 10-2　电压比较器 U1（LM339）各引脚的对地阻值

引脚号	正向阻值（kΩ）	反向阻值（kΩ）	引脚号	正向阻值（kΩ）	反向阻值（kΩ）
①	7.3	9	⑧	9.3	12
②	2.3	2.3	⑨	1.8	1.8
③	0.5	0.5	⑩	9.3	14.5
④	9.3	15	⑪	3.7	3.7
⑤	10	15	⑫	0	0
⑥	9.7	22	⑬	5	5
⑦	10	38	⑭	5	5

3. 运算放大器 LM324 的检测方法

运算放大器 LM324 芯片内有 4 个独立的运算放大器，每个运算放大器也可以组成电压比较器。对运算放大器 LM324 进行检测时，也可通过检测其供电电压，以及输入和输出信号的方法判断其好坏，方法同上。

此外，还可以通过检测运算放大器 LM324 各引脚正反向对地阻值的方法来判断好坏。

检测运算放大器 LM324 各引脚正方向的阻值时，首先将万用表调至欧姆挡，黑表笔搭在接地端的引脚上，红表笔依次检测 LM324 的输出端，正常情况下，可测得正向阻值为 9 kΩ，如图 10-63 所示。

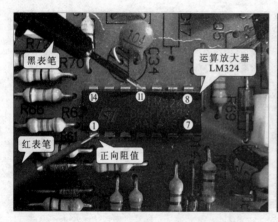

图 10-63 运算放大器 LM324 正向对地阻值的检测方法

然后将红表笔搭在运算放大器接地端（⑪脚），黑表笔搭在运算放大器输出端（①脚）；正常情况下，可测得反向阻值为 24 kΩ，如图 10-64 所示。

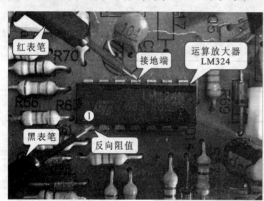

图 10-64 运算放大器 LM324 反向对地阻值的检测方法

正常情况下，运算放大器 LM324 各引脚的正向和反向对地阻值见表 10-3 所列。若实测值与正常情况下的标准值有一定的差异，则说明 LM324 本身可能已经损坏。

表 10-3 运算放大器 LM324 各引脚的对地阻值

引脚号	正向阻值（kΩ）	反向阻值（kΩ）	引脚号	正向阻值（kΩ）	反向阻值（kΩ）
①	8.5	23.0	⑧	8.7	24.0
②	10.5	200	⑨	5.0	6.0
③	2.2	2.2	⑩	0.2	0.2
④	0.5	0.5	⑪	0.0	0.0
⑤	6.0	10.5	⑫	0.0	0.0
⑥	10.0	22.0	⑬	0.0	0.0
⑦	8.5	22.0	⑭	8.5	24.0

4. IGBT 驱动控制芯片 U4（TA8316）的检测方法

首先对 IGBT 驱动控制芯片 U4（TA8316）的 18 V 供电电压进行检测。检测时需要将红表笔搭在 IGBT 驱动控制芯片 18 V 供电端（②脚），黑表笔搭在微处理器接地端（④脚）。正常情况下，可测得 18 V 的供电电压，如图 10-65 所示。

图 10-65 IGBT 驱动控制芯片 U4 供电电压的检测方法

IGBT 驱动控制芯片 U4（TA8316）的①脚为 PWM 调整信号输入端（参照 U3 的②脚输出波形），经处理后，由⑦脚输出 PWM 驱动信号。对 U4 的⑦脚 PWM 驱动信号进行检测，将示波器的接地夹接地，探头搭在 IGBT PWM 驱动信号端（⑦脚）。在供电电压和输入信号正常的情况下，可检测到 PWM 驱动信号波形，如图 10-66 所示。若无输出，则可能是 U4 本身已经损坏，应进行更换。

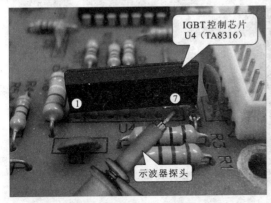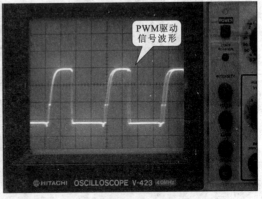

图 10-66 IGBT 驱动控制芯片 U4 输出 PWM 驱动信号的检测方法

【信息扩展】

此外，也可采用检测 IGBT 驱动控制芯片 U4（TA8316）各引脚正向和反向对地阻值的方法来判断好坏。正常情况下 TA8316 各引脚的对地阻值见表 10-4 所列。

表 10-4 IGBT 管驱动控制芯片 U4（TA8316）各引脚的对地阻值

引脚号	正向阻值（kΩ）	反向阻值（kΩ）	引脚号	正向阻值（kΩ）	反向阻值（kΩ）
①	2.5	2.5	⑤	6.5	32.0

续表 10-4

引脚号	正向阻值（kΩ）	反向阻值（kΩ）	引脚号	正向阻值（kΩ）	反向阻值（kΩ）
②	5.5	27.0	⑥	6.5	32.0
③	6.0	28.0	⑦	6.5	32.0
④	0.0	0.0			

10.5 电磁炉操作显示电路的检修方法

10.5.1 电磁炉操作显示电路的检修分析

电磁炉的操作显示电路板出现故障，常常会引起操作功能失灵，或显示部分不动作。遇到这种情况，首先应查看电路板元器件是否有明显损坏、按键是否失灵等现象，然后按照基本的检修流程进行检测。

首先检测操作按键、位移寄存器的 +5 V 供电和信号波形是否正常；然后检测数码管、指示灯是否正常；接着检测驱动晶体管输入的信号波形、驱动晶体管输出的信号波形是否正常，如图 10-67 所示。

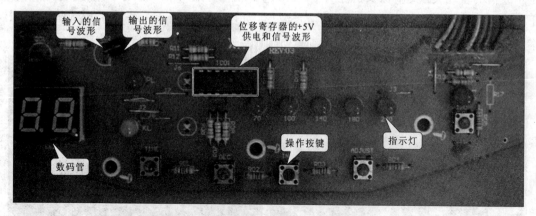

图 10-67 典型电磁炉操作显示电路的检修流程图

10.5.2 电磁炉操作显示电路的检修操作

操作显示电路出现故障，经常会引起电磁炉出现按键失灵、显示异常、不开机等现象，对该电路进行检修时，可依据操作显示电路的信号流程对可能产生故障的部位进行逐级排查。

1. 操作按键的检测方法

操作按键损坏经常会引起电磁炉控制失灵的故障。检修时，可使用万用表检测操作按键的通断情况，以判断操作按键是否损坏。

对操作按键进行检测时，首先将万用表的红黑表笔分别搭在操作按键的两个引脚端，然后按下操作按键，检测操作按键两引脚间的阻值。正常时按下操作按键，操作按键处于导通状态，即阻值为 0 Ω，如图 10-68 所示。

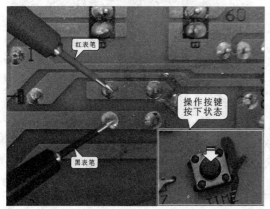

图 10-68 操作按键按下状态时阻值的检测

接着，保持万用表的红黑表笔搭在操作按键的两个引脚端，松开操作按键，检测此时操作按键两引脚间的阻值。正常时松开操作按键，操作按键处于断开状态，即阻值为无穷大，如图 10-69 所示。

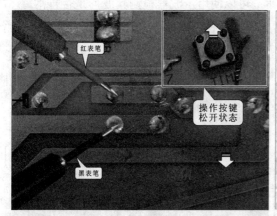

图 10-69 操作按键松开状态时阻值的检测

若实测结果与上述情况不符，则多为操作按键损坏，用同规格操作按键更换即可。

2. 操作显示电路供电条件的检测方法

操作显示电路正常工作需要一定的工作电压。若供电电压不正常，整个操作显示电路将不能正常工作，从而引起电磁炉出现按键无反应，指示灯、数码显示管无显示等故障。检测时，可在操作显示面板的插件或移位寄存器的供电端检测有无该供电电压。将万用表的红表笔搭在移位寄存器的供电端，黑表笔搭在移位寄存器的接地端。正常情况下，可检测到 +5 V 的供电电压，如图 10-70 所示。

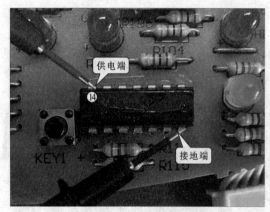

图 10-70 在移位寄存器供电端检测供电电压的方法

若经检测供电正常，说明操作显示电路的基本工作条件满足，可进行下一步检测。若无供电电压或供电异常，应对供电部分相关元件或电源电路进行检测。

3. 移位寄存器的检测方法

移位寄存器主要是对操作显示电路中的信号进行传输控制。当电磁炉通电后，其各引脚都会产生信号波形，判断移位寄存器是否损坏时，可以使用示波器检测其波形是否正常。

检测时，首先将示波器接地夹接地，然后探头搭在移位寄存器的①脚。正常情况下移位寄存器①脚会产生输出的信号波形，如图 10-71 所示。

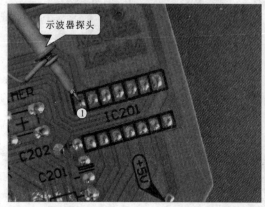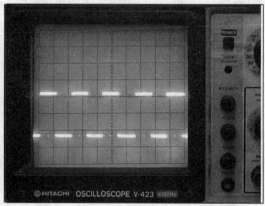

图 10-71 移位寄存器的①脚输出信号波形的检测

接着，将示波器探头搭在移位寄存器的③脚。正常情况下移位寄存器③脚会产生输出的信号波形，如图 10-72 所示。

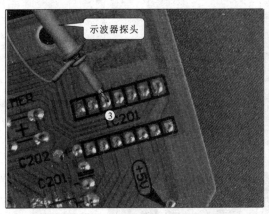 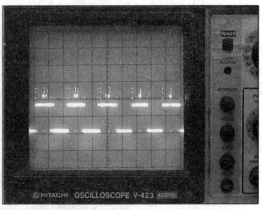

图 10-72 移位寄存器的③脚输出信号波形的检测

接下来，将示波器探头搭在移位寄存器的④脚。正常情况下移位寄存器④脚会产生输出的信号波形，如图 10-73 所示。

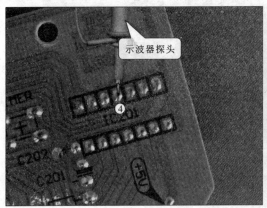 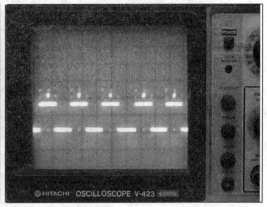

图 10-73 移位寄存器的④脚输出信号波形的检测

最后，将示波器探头搭在移位寄存器的⑫脚。正常情况下移位寄存器⑫脚会产生输出的信号波形，如图 10-74 所示。

 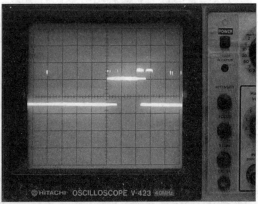

图 10-74 移位寄存器的⑫脚输出信号波形的检测

检测移位寄存器的输入引脚信号波形和输出引脚信号波形，若输入信号波形正常，输出信号波形不正常，则说明该移位寄存器本身损坏。

【要点提示】

正常情况下，使用示波器检测移位寄存器其他各引脚的信号波形如图 10-75 所示。

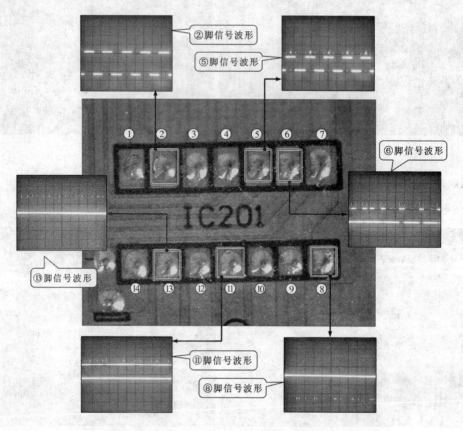

图 10-75 示波器检测移位寄存器其他引脚的信号波形

4. 数码管的检测方法

对数码管的检测，主要是对数码管引脚上的驱动信号进行检测。图 10-76 所示为数码管的实物外形和背部引脚的对照图。检测时，可以使用示波器搭在数码管各引脚上，检测驱动信号是否正常。

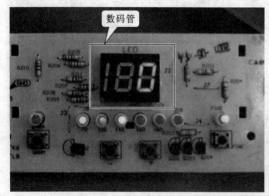
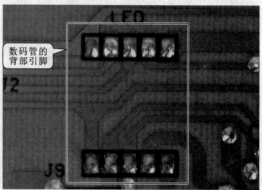

图 10-76 数码管的实物外形和背部引脚对照图

检测时，首先将示波器探头搭在数码管①脚处。正常情况下数码管①脚会产生输出的信号波形，如图10-77所示。

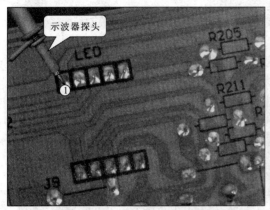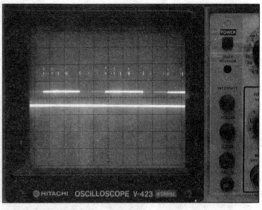

图 10-77 数码管①脚信号波形的检测方法

然后将示波器探头搭在数码管⑩脚处。正常情况下数码管⑩脚会产生输出的信号波形，如图10-78所示。

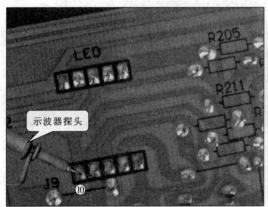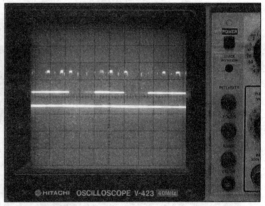

图 10-78 数码管的具体检测方法

正常情况下，若数码显示管引脚处的信号波形正常，则表明前级控制电路均正常；若信号正常，而数码显示管仍无显示，则可能为数码显示管的驱动晶体管或数码显示管本身损坏，应进行下一步检测。

【要点提示】

正常情况下，使用示波器检测数码管其他各引脚的信号波形如图10-79所示。

【信息扩展】

检测数码管时还可以通过使用万用表检测的方式判断是否损坏。检测时将万用表量程调至"×1"欧姆挡，然后将万用表红黑表笔任意搭在数码显示管的两个引脚上。若数码管相应笔段发光，则说明数码显示管正常。串联一个1.5 V的电池。正常情况下，万用表检测到的阻值为100 Ω左右，如图10-80所示。

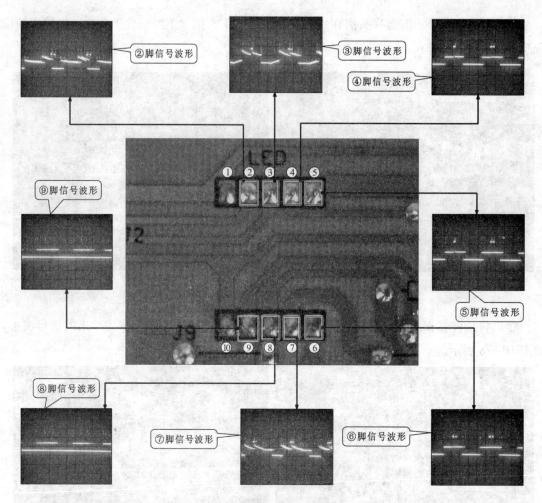

图 10-79　数码管其他引脚的信号波形

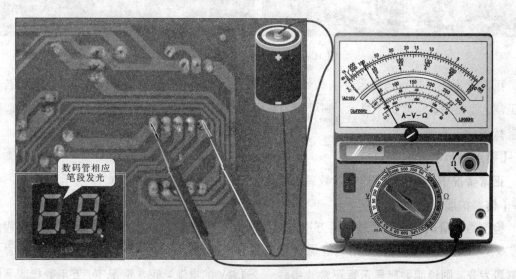

图 10-80　万用表检测数码管的方法

5. 驱动晶体管的检测方法

驱动晶体管是数码显示管正常显示的一个条件。若该晶体管异常，即使前级送来的控制信号正常，数码显示管也将无法正常显示。

驱动晶体管的好坏，可使用示波器检测信号波形的方法进行判断。检测时将示波器的探头搭在驱动晶体管的输出引脚，即集电极 c 端。正常情况下，应能检测到驱动晶体管输出的信号波形，如图 10-81 所示。

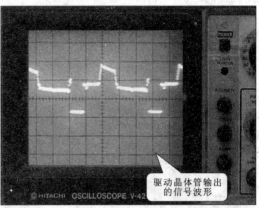

图 10-81　驱动晶体管输出端信号波形的检测

然后将示波器的探头搭在驱动晶体管的输入引脚，即基极 b 端。正常情况下，应能检测到驱动晶体管输入的信号波形，如图 10-82 所示。

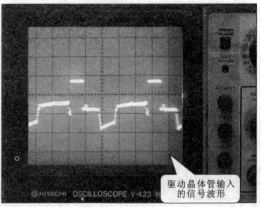

图 10-82　驱动晶体管输入端信号波形的检测

若经检测输入端信号波形正常，输出端无信号，则多为驱动晶体管损坏，用同型号晶体管代换即可；若输入端无信号，则应对前级电路进行检测，即检测微处理器送入驱动晶体管的信号波形是否正常。

6. 指示灯的检测方法

对指示灯进行检测，主要是对发光二极管（LED）的正反向阻值进行检测。检测时将万用表的黑表笔搭在发光二极管的正极，红表笔搭在发光二极管的负极。正常情况下，万用表检测的正向阻值为 $17\,\mathrm{k}\Omega$ 左右，如图 10-83 所示。

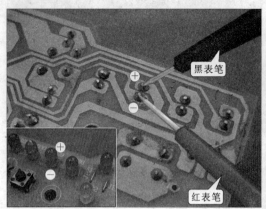

图 10-83 指示灯发光二极管正向阻值的检测方法

然后将万用表的黑表笔搭在发光二极管的负极，红表笔搭在发光二极管的正极。正常情况下，万用表检测的反向阻值为无穷大，如图 10-84 所示。

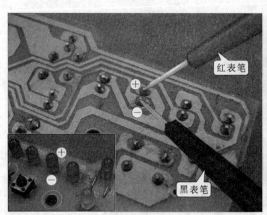

图 10-84 指示灯发光二极管反向阻值的检测方法

若实际测得数值与正常情况下相差很大，则说明指示灯本身损坏。